王贤宇◎编著

好男孩要奋斗
好女孩要修身

HaoNanHaiYaoFenDou

HaoNüHaiYaoXiuShen

当代世界出版社

图书在版编目（CIP）数据

好男孩要奋斗　好女孩要修身/王贤宇编著．—北京：当代世界出版社，2011.7

ISBN 978-7-5090-0758-7

Ⅰ.①好… Ⅱ.①王… Ⅲ.①家庭教育 Ⅳ.①G78

中国版本图书馆 CIP 数据核字（2011）第 131031 号

书　　名：	好男孩要奋斗　好女孩要修身
出版发行：	当代世界出版社
地　　址：	北京市复兴路 4 号（100860）
网　　址：	http：//www.worldpress.com.cn
编务电话：	（010）83907528
发行电话：	（010）83908410（传真）
	（010）83908408
	（010）83908409
	（010）83908423（邮购）
经　　销：	新华书店
印　　刷：	北京京海印刷厂
开　　本：	710 毫米×1000 毫米　1/16
印　　张：	14
字　　数：	240 千字
版　　次：	2011 年 8 月第 1 版
印　　次：	2011 年 8 月第 1 次
印　　数：	8000 册
书　　号：	ISBN 978-7-5090-0758-7
定　　价：	29.80 元

如发现印装质量问题，请与承印厂联系调换。
版权所有，翻印必究，未经许可，不得转载！

前言
FOREWORD

对男孩说:

  每一个男孩在纯真的年代里都有着纯真的梦想,年少时,会想象自己的未来,会在高高的山顶大声问起自己的将来。当你用双手折起的纸飞机带着梦想越飞越高时,你又是否还曾记起?当纸飞机越过大地,你又是否在停住脚步,犹豫着是否去勇敢的追逐?

  男孩生来就会承担很多,当渐渐长大时,会回首以往的幼稚与错误。品行并非天生,当你有意去改变时,便是成熟的一种表现。举手投足间,一言一行中,都预示着一个人的未来。每个男孩都像是一块未经雕琢的璞玉,在生活和工作中,一把把的刻刀在将你缓缓雕琢时,你理应去做握住刻刀的手。

  奋斗是一种必须,成功不来自于偶然,而在于懂得自己,了解自身的优与劣。打开自己的心怀,去吸收每一分成功的因素,做一个懂得成功的魅力男性。

  男孩的世界有着许多成员,"他"是朋友,"她"是恋人,也有自我,要学会去平衡生活,平衡自己。男孩的世界不存在厚此薄彼,但需要明白这个世界最重要的是什么…

对女孩说:

  修养是一种人生体验到极致的感悟,是人生感悟极致的平静,那是一种更为简单纯净的心态。有修养的女孩懂得只有淡薄世事之后,才会洞明凡尘，只有清心内敛之时，才会高瞻远瞩。

　　为了让自己在物质和精神的享受中，体会幸福人生，就要对未来充满期待，自信将来的生活会更美好。虽然好日子的定义因人而异，但大多数人的想法是差不多的。但是，在能否过好日子这个问题上，比"有天赋"和"命好"更有影响力的就是"聪明"，它决定着你是否能够做出明智的选择。命运不是一成不变的，它可以依靠努力来改变。

　　生活中不会总是激情澎湃；生活中也不都是热情如火。所以女孩不要苛求太多，多一些宽容，少一些猜忌；多一些理解，少一些埋怨。当岁月在生命的季节里轻轻地滑过，你会发现，你能抓住的只有现在。珍惜现在，珍惜眼前人，珍惜现在所拥有的一切，幸福就围绕在女孩的周围，快乐就充满在每个角落。

　　女孩可以不漂亮，但不能没有味道；女孩可以宽容，但不能粗糙；女孩要有母性，但不能絮絮叨叨；女孩可以没有高学历，但不能没有知识；女孩可以没有金钱，但不能没有自尊；女孩可以没有力气，但不能没有善良；女孩可以没有权威，但不能没有道德修养；只有懂得不断修正完善自己的女孩，才能更优雅。

　　魅力女孩是充满书卷气息的，有一种渗透到日常生活中的不经意的品位，谈吐中超凡脱俗；有一种不同于世俗的韵味，在人群中超然独立；有一种无需修饰的清丽，超然与内蕴混合在一起，像水一样柔软，像风一样迷人。拥有内涵的女孩是美丽的。

　　女孩的命运，好像一直是单薄和被动的：等着别人赏识、等着别人采摘。非得这样吗？越来越多的漂亮女孩，跳出了强悍的男人世界，游刃有余地扮演着各种角色——包括爱情。她们在爱情里更柔软、更丰沛，却丝毫没有楚楚可怜之态。自信、坚强，更有风致。

目录 CONTENTS

第一卷：放飞梦想的纸飞机，也要勇于追逐

每一个男孩在纯真的年代里都有着纯真的梦想，年少时，会想象自己的未来，会在高高的山顶大声问起自己的将来。当你用双手折起的纸飞机带着梦想越飞越高时，你又是否还曾记起？当纸飞机越过大地，你又是否在停住脚步，犹豫着是否去勇敢的追逐？

万事从立志开始 / 3

行路前的思考 / 6

需要努力的年纪 / 9

为人生去规划 / 12

梦想需要一步一个脚印 / 14

奋斗男儿拥有失败的权利 / 16

第二卷：拥有完美修养的智慧女孩

修养是一种人生体验到极致的感悟，是人生感悟极致的平静，那是一种更为简单纯净的心态。有修养的女孩懂得只有淡薄世事之后，才会洞明凡尘，只有清心内敛之时，才会高瞻远瞩。

在年轻时融入世俗 / 21

忘却你的出身 / 24

教养是最伟大的资本 / 26

高贵女孩 / 29

现代女孩的个性真谛 / 32

情调之美 / 35

有"野心"才能主宰命运 / 38

目录 CONTENTS

第三卷：品行细雕琢，性格缓成就

男孩生来就会承担很多，当渐渐长大时，会回首以往的幼稚与错误。品行并非天生，当你有意去改变时，便是成熟的一种表现。举手投足间，一言一行中，都预示着一个人的未来。每个男孩都像是一块未经雕琢的璞玉，在生活在工作中，一把把的刻刀在将你缓缓雕琢，你理应去做握住刻刀的手。

拥有自己满意的男性身份 / 43

男孩子要学会胸怀江海 / 46

令男孩坚强的传染源 / 48

做自己的救星 / 52

成大事者，也要拘细节 / 54

坚定信念，困苦只能让你更加坚强 / 56

重视你的男性魅力 / 59

第四卷：处世中展现女子之德

为了让自己在物质和精神的享受中，体会幸福人生，就要对未来充满期待，自信将来的生活会更美好。虽然好日子的定义因人而异，但大多数人的想法是差不多的。不过，在能否过好日子这个问题上，比"有天赋"和"命好"更有影响力的就是"聪明"，它决定着你是否能够做出明智的选择。命运不是一成不变的，它可以依靠努力来改变。

示弱是另一种温柔 / 65

装傻的神奇好处 / 68

始终明白自己的所需 / 71

倾听能赢取好人缘 / 73

"主动"才能让你抓住机会 / 76

选对适合自己的位置 / 78

选友预示着未来 / 81

第五卷：懂得成功的魅力男性

　　奋斗是一种必须，成功不来自于偶然，懂得自己，了解自身的优与劣。打开自己的心怀，去吸收每一分成功的因素，做一个懂得成功的魅力男性。

天才的优秀在于恒心 / 85

天赋就要摆出来炫耀 / 88

胜己方能胜天 / 91

男孩应懂得取舍之道 / 94

成功常在绝望处的坚持 / 97

必胜的信念里诞生奇迹 / 100

帝王蛾男儿 / 103

第六卷：完美女人味

　　女孩可以不漂亮，但不能没有味道；女孩可以宽容，但不能粗糙；女孩要母性，但不能絮絮叨叨；女孩可以没有高学历，但不能没有知识；女孩可以没有金钱，但不能没有自尊；女孩可以没有力气，但不能没有善良；女孩可以没有权威，但不能没有道德修养；只有懂得不断修正完善自己的女孩，才能优雅地变老。

成长的快乐 / 109

独处时的美妙 / 111

如画般的女人味 / 113

撒娇是女孩的万事特赦证 / 116

散发你独特的人格魅力 / 118

微笑的力量胜过一切 / 121

真心喜欢自己的容貌 / 123

目录 CONTENTS

第七卷：男孩的世界有"他"有"她"也有"我"

男孩的世界有着许多成员，"他"是朋友，"她"是恋人，也有自我，学会去平衡生活，平衡自己。男孩的世界不存在厚此薄彼，但需要明白这个世界最重要的是什么……

每个男孩都是太阳之子 / 129

耐住寂寞令人成长 / 131

男孩的沉默需要"她"的理解 / 134

花心男生的累与苦 / 137

朋友间的放鸽子行为 / 140

停止年轻前的安逸 / 142

第八卷：美丽心灵的美丽诠释

生活中不会总是激情澎湃；生活中也不都是热情如火。所以女孩不要苛求太多，多一些宽容，少一些猜忌；多一些理解，少一些埋怨。当岁月在生命的季节里轻轻地滑过，你会发现，你能抓住的只有现在。珍惜现在，珍惜眼前人，珍惜现在所拥有的一切，幸福就围绕在女孩的周围，快乐就充满在每个角落。

好女孩真的难做吗？ / 147

控制情绪是成熟的最大表现 / 150

莫要做"怨妇"型女孩 / 152

女孩应心宽似海 / 154

自谦的女孩不自卑 / 158

自信是女孩最好的装饰品 / 161

尊重身边的每一个人 / 165

目录 CONTENTS

第九卷：永藏睿智的魅力达人

魅力女孩是充满书卷气息的，有一种渗透到日常生活中的不经意的品位，谈吐中超凡脱俗；有一种不同于世俗的韵味，在人群中超然独立；有一种无需修饰的清丽，超然与内蕴混合在一起，像水一样柔软，像风一样迷人。拥有内涵的女孩是美丽的。

把握梦想的高度 / 171

保持童真的美好 / 173

读书令女孩更完美 / 176

快乐女孩收获幸福 / 180

留守自己的艺术之心 / 183

内涵是青春永驻的美 / 186

女孩难得的是智慧 / 189

第十卷：恋爱锦囊妙计

女孩的命运，好像一直是单薄和被动的：等着别人赏识、等着别人采摘。非得这样吗？越来越多的漂亮女孩，跳出了强悍的男人世界，游刃有余地扮演着各种角色——包括爱情。他们在爱情里更柔软、更丰沛，却丝毫没有楚楚可怜之态。自信、坚强，更有风致。

爱好自己才能去爱一切 / 195

聪明女孩不演"情人"角色 / 198

放弃吃回头草的"他" / 200

经济独立是你的骄傲 / 202

恋爱使人成长 / 205

偶尔修理你的男友 / 208

危险的"女追男"行为 / 211

第一卷：放飞梦想的纸飞机，也要勇于追逐

每一个男孩在纯真的年代里都有着纯真的梦想，年少时，会想象自己的未来，会在高高的山顶大声问起自己的将来。当你用双手折起的纸飞机带着梦想越飞越高时，你又是否还曾记起？当纸飞机越过大地，你又是否在停住脚步，犹豫着是否去勇敢的追逐？

第一卷：放飞梦想的纸飞机，也要勇于追逐

万事从立志开始

志向是男孩成功的原动力。鸟无翅膀不飞，人无志向无作为。<u>立志，是男孩立身处世的头等大事。它是男孩的重要精神支柱，是推动男孩行动的强大内驱力</u>。哲学家王守仁说过："志不立，如无舵之舟，无御之马，飘荡奔逸，终亦何抵乎？志不立，天下无可成之事。"由此可见，立志对于男孩人生发展有很重要的作用。

立志就是要求男孩有理想。志向不仅是男孩的奋斗目标、方向和决心，更是男孩重要的精神支柱，是推动男孩付诸行动的强大动力。它能促使男孩敢于创新，为实现自己的志向付出努力，勇敢地克服困难和挫折，最终实现自己的理想。

但是如果男孩没有远大的志向，自身的激励因素得不到开发，在成长道路上就会处于被动状态，就会缺少开拓进取的精神，既成就不了事业，也体验不到人生的乐趣。

很多男孩意识不到立志的重要性，所以无法树立远大的志向，就更谈不上未来的大发展了。男孩意识到志向的重要性，才会从自己的兴趣和爱好出发，树立一生的志向，从而为自己的人生发展确定前进的方向。

奥伦索·辛普森出生在旧金山贫民区，因为营养不良患有软骨症，双腿变成"弓形"，小腿还出现了萎缩。他是传奇人物橄榄球球员吉姆

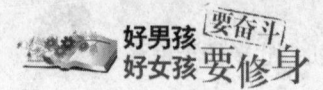

·布朗的球迷,每当有偶像参加的比赛时,他都会不顾双腿的不便,去球场为偶像加油。

在他13岁时,终于有机会和心中的偶像面对面接触,他向吉姆·布朗表达了自己对他的倾慕,吉姆·布朗客气地感谢了他。他接着说道:"布朗先生,您知道吗,我记得您所创下的每一项纪录,每一次布阵。"

吉姆·布朗开心地夸奖了他。这时男孩挺起胸膛说:"布朗先生,有一天我会打破您的每一项纪录,这是我的志向。"后来,奥伦索·辛普森真的如他少年时所说的那样,在美式橄榄球场上打破了吉姆·布朗的所有纪录,还创下了新的世界纪录。

<u>男孩会成为什么样的人,会有什么样的成就,就在于年轻时候的志向是什么。而对男孩志向影响最大的,莫过于那些鲜活的、伟大的榜样。</u>

毛泽东同志在年轻时给一位朋友写信是这样说的:真正的立志是要掌握真理,然后去实现真理,要认清社会发展的大趋势、客观规律,然后按客观规律去推动社会的前进。认清真理,坚持真理,去实现真理,这才叫真正的立志,叫做立大志。

1910年毛泽东的父亲毛顺生再三思索,要毛泽东去做生意,而他却立志走出韶山冲继续求学。在他的坚持下,最终还是走上了求学之路。毛泽东在离家赴湘乡县立东山高等小学求学前夕,写了一首《赠父诗》,这就是:

孩儿立志出乡关,

学不成名誓不还。

埋骨何须桑梓地,

人生无处不青山。

这首诗是少年毛泽东走出乡关、奔向外面世界的宣言书,表明了他胸怀天下、志在四方的远大抱负。

毛泽东早年的这段轶事,显然能说明:要成为真正的男子汉必须选对路。

不要在乎选择哪条道路，关键是要坚持走下去。只要走的比别人久，就能走出别人所不能的距离，走的比别人更远，你就能看到别人看不到的风景。

志向不只是一句口号，志向要想转化为现实，就需要男孩为之付出努力。父母要让男孩明白，实现志向的路上会遭遇各种挫折，要牢记自己的志向，不计较暂时的挫折，保持良好的心态，为理想奋斗。

我国著名桥梁专家茅以升，年幼时目睹祖国铁路桥梁的修建权被外国人把持，出于爱国心他立志要修建中国自己的铁路桥梁，为中国人争一口气。

在这个远大志向的鼓舞下，他发奋苦读，不断地探索，只用了两年半的时间，就在钱塘江上架起了一座气势雄伟的大桥，书写了中国桥梁史上崭新的一页。

千里之行，始于足下。男孩要将自己的大志向分解成一个个具体的小目标，一步一个脚印地向着目标努力，直到实现自己的最终志向。

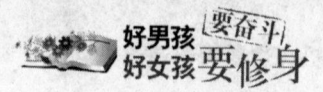

行路前的思考

　　大多数男孩在无意识地生活。每天的日常工作使他们的大脑忙忙碌碌，总有下一个假期或聚会要期盼。然后某一个星期天的午后，当他们懒懒洋洋地靠在床上，一个念头突然出现：我的人生目标是什么？对有些男孩，当他们陷于无意义的事情或无出路的生活境遇中时这个问题就会出现。

　　在生活中有一个实实在在的目标会真的令人满意，但是要找到你人生的确切目标并不是那么简单的。大多数人找出一个目标只是闹着玩而已，随后他们首先就发现自己并不是真的热心于此。

　　在你坐下来寻找你的人生目标之前，对生活的现实性有一个完全的了解是有帮助的。这里有几条建议可以在这一过程中帮助你。

　　检查一下你是否已经有一个目标了。如果你认为现在的生活毫无目的，那么只要再看一下在整个生命长河中有什么目标，是太小还是太大？甚至一个扫大街的也在实现他生命中最重要的目标。即使你在一家小公司工作，你也在通过所提供的服务实现一个与人生有关的重大目标。

　　你内心真正的呼唤不需要高大宏伟。有些人真的名声显赫而有些人却过着默默无闻的生活，这两者之间没有什么实质的差别，每个人都在完成一个特定的角色，没有一个角色比另一个更重要。

第一卷：放飞梦想的纸飞机，也要勇于追逐

你与生俱来的天分可能正好可以确定你的人生目标。令人惊讶的是有多少人具有令人难以置信的天分却终其一生没有将其转换成事业或目标。如果你有一种天分，那是生命赐予你的礼物。努力找到可能的最佳方法把你的天分转换成可为人们提供服务的东西。没有比通过天生的才能为了一个目标生活和赚钱更好的方式了。

听从你的心而不是脑。心和脑只是比喻，心表示你的直觉，而脑来自你的条件作用模式。聆听你内心深处的声音，看心底是否有深埋的渴望正在苏醒，可能一直以来你忽视了这个渴望。

你的脑可能会找到几个借口，告诉你的心所想要的是不切实际的，但那恰是你的条件作用在说话。你心的声音永远是真实的，它指出你内心深处的向往。

写篇短文详细描述你想过什么类型的生活。令人惊异的是通过写下你的想法可以使你获得多少深刻的见解。每天有数百万的想法匆匆穿行于大脑，很难把所有的都弄懂。当你坐下来写的时候，那些想法变得更有条理了。无须太多忙乱，只要开始键入或写下你真正想过的是什么类型的生活。只是自由地写，不要过多地把大脑卷进来，让字句由你的潜意识产生。你可能要写上几分钟才能真正地进入最佳状态。

写上几个小时是有帮助的，即使你的大脑停止了大量产生想法。这正是你的大脑放弃了心开始说话的时候。当你读这篇短文时，你可以在一些发自下意识的词句之间找到你的人生目标。

我们的智能在两个层面上运作，一个是聒噪的大脑，另一个是我们内心的无声的宁静空间。宁静空间比被制约的大脑要聪明得多，这已被几个有创新精神的天才证明了，他们谈到在创作最杰出的作品前进入无意识状态。

要进入宁静空间，只要以放松姿势坐着，感知你的身体内在。当你把注意力放到身体内在时，大脑趋向于停止运作，感到感觉和精神穿过你的身体。过一会儿所有这些感觉都会消退，让位于宁静。在这种宁静的状态下询问你的目标，不要指望从你大脑里得到一个口头的答案。

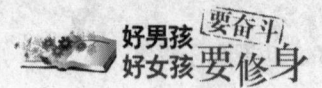

　　有时你可能从突然出现的直觉中立即得到答案或者以后在梦中或醒着时得到答案。

　　无论何时你直觉要做什么事，就跟着做。有时冒些险来寻找人生的真正目标是很重要的。只是要确定在做出这些决定时要与你的直觉协调一致。到最后不会有失败这回事，这只是一个学习的机会。

　　可能要经过几次失败的尝试和困境，你才能最终偶然发现你人生的真正目标。如果你感知直觉的内在声音，你或许会少犯些错误。永远记住你身体感觉到的情感才能正确地指出你对自己决定的真实感受，而不是你头脑中的想法。

第一卷：放飞梦想的纸飞机，也要勇于追逐

需要努力的年纪

男孩应该有为自己而努力的意识，你不能天天待在宿舍看电视，然后睡觉，然后无所事事，电视球赛、网络游戏、美剧动漫只是你生活中一部分，你可以关注，但你不可以花太多的时间在它们上面。

从现在开始每天看点书，看书不仅是扩大你知识面的一种途径，更重要的是能够培养你的思维，同时也能够学到好多你之前不知道的道理，做人做事都是讲道理的，同时读书能够培养你的性格，提高你的文化素质，一定少看点泡沫剧，少看点无聊的选秀节目，泡沫剧里面构筑的精彩生活其实需要我们努力创造，选秀节目给你励志的部分总是很有限，所以我们还是一定要读书，让自己壮大起来，但是千万不要想着说今天很忙，明天再说，有这样想法的人也会在第二天有同样的想法。

培养自己良好的性格，这个社会你要出去混，一定要有一副好性格，也就是说好脾气，动不动就发火，动不动就和别人急，这样真的很不好。<u>不要做一个容易冲动的人，凡事思考再三你才能够决定如何做才是最好的，要试着温和、谦虚地和别人讲话，这样既是对你自己的尊重，也是对别人的尊重</u>。说话前得将要说的话在脑海里过一遍，不要出言伤人。没有人喜欢和坏脾气的人说话，动辄就发火，这样不仅不利于你做事，而且别人会觉得你很没有修养，或者说很没有教养。

你是否有独立思考的能力，是否有自己的想法。有想法很好，但是

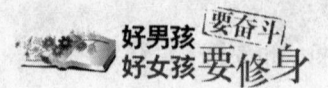

　　将想法付诸实践会更好，你总不能老是没有注意，遇到事情总是不知道如何做，不管你是男生还是女生，这个时候你都得形成自己独立思考的能力，用自己的想法去判断事情，不要往往被别人的想法左右你的思想，然后深陷其中不能自拔。

　　好好谈一场恋爱，不要说你还年轻，你还能玩得起，你还能输得起，有些事情需要你认真做而不是用来赌的。拿出你的真诚，拿出你的真心，好好谈一场恋爱，即使失败了，你也不会太过于痛苦，因为感情的失败往往会有太多太多的因素。事实上，对和错并没有明确的界限，输了就输了，你不能因为输了一场恋爱而从此一蹶不振，或许，在你成长的道路上真的需要一场失败的恋爱。<u>有些东西只有你失去过，你才会懂得珍惜的道理</u>。不要因为你羡慕别人在一起而谈恋爱，不要因为其他不是出于你真心爱的原因而和自己不喜欢的人在一起，这样都是很不负责的做法，我一贯的观点是：要做就认真做好，不做就不要做。

　　在成为人才之前，先学会如何做人。你会明白为什么叫做"人才"而不是"才人"，做人永远比学到知识更加重要，学会做人，才能将你自己学到的知识用到正确的地方，有时候我们会想到自己学习的目的是为了养家糊口，或者仅仅是找一份体面过得去的工作，但是不管怎样，你一定要学会做人，做一个心中充满爱的人，做一个正直、善良的人，人们总是肯定值得尊敬的人而不是那些玩花花肠子的人。

　　珍惜你身边的每一位值得珍惜的朋友，有人会说大学里面交不到真正的朋友，真的朋友是你高中时代认识的。我在上大学之前就听过这样的话，但是我还是在大学认识了好多值得珍惜的朋友，虽然大学里更加复杂，更加社会化，更加功利化，但是好多人还是需要和自己的朋友相互陪伴走过一程又一程，所以不要对大学有任何偏见，真诚地对待身边人，总有一天你会同样收获真诚。大学里面最痛苦的并不是你生活上的困难，或者是学业上的不顺，其实这些都是暂时的，最痛苦的是在这样一个大群体中，当你郁闷的时候竟然找不到一个人来说话，或许在你成功的时候，有好多人聚集在你身边，但是当你失败的时候他们总是离你最远。所以，**朋友就是无论你在什么位置、无论你身处什么状况，他们都会陪在你身边的人。**

不要将自己老是锁在书本上，也就是说仅仅局限于你的专业课上，你要涉猎不同的领域，至少能够知道一点，同时不要将理论知识看成一切，更多的时候你还是要去实践，因为你毕业后面对的是一个大舞台，社会很大很大，而你要学习的地方也同样很多很多，实践的过程是对你学到的知识的检阅，也是你学到更加宝贵和实用知识的过程，所以还是要走出校园，不断适应这个社会。

二十几岁的男孩都不是小孩子了，都是成年人。要试着自己经营自己的生活，经营自己的未来，虽然我们不可能把握自己以后是什么，以后做什么，以后成为什么，但我们至少可以认真经营自己的今天，在不断提升自己的同时，学会享受生活，享受努力后成功的喜悦，尽管成功后的喜悦同漫长的努力过程相比短暂了，但是那一刻是你最美好的时光。

尽管男孩二十多岁的时候一无所有，但是我们可以为明天的成功创造条件，**这个社会没有免费的东西，所有你想得到的东西都需要你的努力，即使你不需要太大的努力得到了，但是你能否保证你一直拥有呢？**

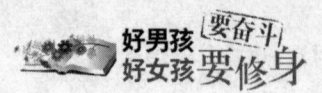

为人生去规划

人生是需要进行规划的，很多男孩总是不想明天要做什么，总是会告诉别人将来自己要做什么。当别人问，你明天要做什么时，往往却得来沉默或者毫无意义的答案。

有两位学电脑的朋友，同一年毕业于同一所大学。工作之后，两人都不安于现状。有时和他们一起聊天，两个人，都发着怀才不遇的同样感叹。

第一位朋友常跟我说，他的唯一目标就是比尔·盖茨。他买来所有有关比尔·盖茨的书籍，阅读所有有关比尔·盖茨的报道。他早出晚归，寻找着所有可能变成比尔·盖茨的机遇。他常常告诉我，为了实现这个人生目标，他可以抛弃一切。

第二位朋友的目标，则低很多。他所就职的公司对面有一家很小的电脑店，他说，开这样一间店，他就满足了。一年后，他真的辞职了，开了一间这样的小店。由于善于经营，他的生意很是红火。

再凑在一起聊天时，第一位朋友仍然要不顾一切变成比尔·盖茨，第二位朋友则把目标变得稍高了一些。他说，如果能把这个小店变成一家小的公司，他就真的满足了。

又一年过去，第一位朋友已经被比尔·盖茨这个宏伟的目标压得透不过气来，而第二个朋友，果真把那家小店，变成了一个公司。

第一卷：放飞梦想的纸飞机，也要勇于追逐

现在，我的第一位朋友仍然在从前的公司里打工，仍然看有关比尔·盖茨的书，听比尔·盖茨的消息，寻找成为比尔·盖茨的捷径，而我的第二位朋友，已经开始考虑他的连锁店了。

显然，第一位朋友把他的目标定得实在太高了。并不是说，他不可能变成比尔·盖茨，而是当一个目标太过遥远，那么，他就难以觉察到自己的进步。或许，终有一天，他会无奈地放弃。千里之行始于足下。不积跬步，无以至千里；不积小流，无以成江海。要实现大目标，必须做小事情。一件一件的小事做成功了，大目标才有可能实现。

第二位朋友无疑是聪明的。目标就在不远的眼前，可以感觉到自己迈出的最微小的一步，都在向目标靠拢。当达到这个目标后，他又会把下一个目标定在不远的眼前。事实上，这也是一种信心的积累。

越是遥远和高不可攀的目标，越容易摧毁一个人的信心。而把目标定得低一些，你会发现，成功不过是明天的事。

当然，前提是，在你的内心，在每一个阶段，都要有一个新的目标。这里也体现出对人生进行合理规划的重要性，因为忽略这一点而浪费人生的人大有人在，当你合理规划时，或许你早已成功。

在成长的阶段里，更应该给自己更多的目标，因为这是人生的整体里最重要的一段。

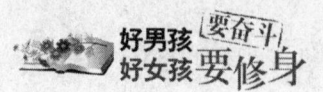

梦想需要一步一个脚印

每一个男孩子再纯真的年代里都曾拥有过各式各样的梦想,举着手中的飞机模型、捧着大本的小说,有的想成为飞行员,有的想成为一名作家。时光飘然,年华渐逝,又有多少曾经的怀着梦想的男孩实现了自己的梦想。好高骛远是很多人的通病,而梦想需要一步一个脚印。

哈佛大学有一个非常著名的关于目标对人生影响的跟踪调查。对象是一群智力、学历、环境等条件差不多的年轻人,调查结果发现:

27%的人没有目标;

60%的人目标模糊;

10%的人有清晰但比较短期的目标;

<u>3%的人有清晰且长期的目标。</u>

25年的跟踪研究结果,他们的生活状况及分布现象十分有意思。

<u>那些占3%者,25年来几乎都不曾更改过自己的人生目标。25年来他们都朝着同一方向不懈地努力,25年后,他们几乎都成了社会各界的顶尖成功人士,他们中不乏白手创业者、行业领袖、社会精英。</u>

那些占10%有清晰短期目标者,大都生活在社会的中上层。他们的共同特点是,那些短期目标不断被达成,生活状态稳步上升,成为各行各业的不可或缺的专业人士。如医生、律师、工程师、高级主管等等。

当这些对比以数据的形式呈现在我们的面前时,你才能真正被这些内容

第一卷：放飞梦想的纸飞机，也要勇于追逐

震撼，拥有梦想是每一个人权利，但实现梦想却是很多人未曾细想过的。

1984年，在东京国际马拉松邀请赛中，名不见经传的日本选手山田本一出人意外地夺得了世界冠军。当记者问他凭什么取得如此惊人的成绩时，他说了这么一句话：凭智慧战胜对手。

当时许多人都认为这个偶然跑到前面的矮个子选手是在故弄玄虚。马拉松赛是体力和耐力的运动，只要身体素质好又有耐性就有望夺冠，爆发力和速度都还在其次，说用智慧取胜确实有点勉强。

两年后，意大利国际马拉松邀请赛在意大利北部城市米兰举行，山田本一代表日本参加比赛。这一次，他又获得了世界冠军。记者又请他谈经验。

山田本一性情木讷，不善言谈，回答的仍是上次那句话：用智慧战胜对手。这回记者在报纸上没再挖苦他，但对他所谓的智慧迷惑不解。

10年后，这个谜终于被解开了，他在他的自传中是这么说的：每次比赛之前，我都要乘车把比赛的线路仔细地看一遍，并把沿途比较醒目的标志画下来，比如第一个标志是银行；第二个标志是一棵大树；第三个标志是一座红房子……这样一直画到赛程的终点。比赛开始后，我就以百米的速度奋力地向第一个目标冲去，等到达第一个目标后，我又以同样的速度向第二个目标冲去。40多公里的赛程，就被我分解成这么几个小目标轻松地跑完了。起初，我并不懂这样的道理，我把我的目标定在40多公里外终点线上的那面旗帜上，结果我跑到十几公里时就疲惫不堪了，我被前面那段遥远的路程给吓倒了。

*在现实中，我们做事之所以会半途而废，这其中的原因，往往不是因为难度较大，而是觉得成功离我们较远，确切地说，我们不是因为失败而放弃，而是因为倦怠而失败。*在人生的旅途中，我们稍微具有一点山田本一的智慧，一生中也许会少许多懊悔和惋惜。

当正值青春年华，莫要将梦想当成一种茶前饭后的谈资，也莫要把自己高高悬起。梦想并不会在你的每日的憧憬中就会实现，梦想需要紧盯着未来，一步一个脚印的赶上。

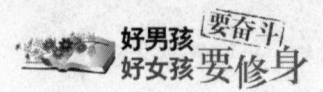

奋斗男儿拥有失败的权利

一部小说，总要留点遗憾，才有令人感动的美丽。一种结果，常需要有些惋惜，才有意犹未尽的回味。挫折纵然无情，却给人无尽的砥砺；失败固然残忍，却使人更加顽强。

人的一生不知会遇到多少挫折。每谈及此，我就会想起一个人：他23岁竞选州议员失败，24岁在生意场再次失败，25岁当选州议员，26岁情人去世，29岁竞选州议长失败，31岁竞选选举人团失败，34岁竞选国会议员失败，37岁当选国会议员，39岁连任国会议员失败，47岁竞选副总统失败，49岁竞选参议员再次失败，51岁终于当选美国总统。这个人就是历史上最伟大的总统林肯。

失败不可避免，失败也并不可怕。可怕的是败而自衰，谈败色变。败而不馁，败而言勇才是强者的本色。

曾看过这样一个科学界的故事——哲学家和天文学家泰勒斯有一次边仰望天空中珍珠般的星辰，边行走思考天文上灿若星斗问题，不小心掉进坑里。一个饶舌汉捂着肚子走过来，奚落泰勒斯："你自称能够看清天空，却怎么连大地的坑也不认识呢？"泰勒斯从坑里爬出来，弹弹身上的土，从容地回答："只有站得高的人，才有从高处跌进坑的权利和自由。没有知识的人，本来就躺在坑里，又怎么从上面跌进坑里呢？"

只有奋斗的人才有失败的权利。不奋斗的人本来就缩在坑里与黑

第一卷：放飞梦想的纸飞机，也要勇于追逐

暗相厮守，他们怎么能懂得失败的滋味？看不见天空的星辉，怎么能感受到宇宙的浩茫，他们缩在那里，只能陷入失败的包围。他们处于失败的阴影之中，却没有体会失败经历宝贵。

这正如：只有在阳光下行走，才能看到自己浓黑的身影；花朵只有开放，才有风吹雨打凋谢的权利；人生的山峰很高，不一定能攀至巅峰，但你把大山踩在了脚下，你就比大山还高。没有诸葛亮的六出祁山，怎会有"长使英雄泪满襟"的悲壮？没有岳飞的"待从头，收拾旧山河，朝天阙"的金戈铁马，哪里有他的"惊回千里梦，已三更。起来独自绕阶行"的黯然神伤，凄婉悲怆？蒋捷虽有爱国情怀，但没有诸葛亮、岳飞的悲壮经历。只有坚持奋斗，才不怕失败。失败不是茕茕孑立的悲凉、悲哀，而是气吞山河的壮美。

男孩们，珍惜你失败的权利或自由，你失败了，说明你已经在奋斗。失败了，不必锥心泣血，更应该呕心沥血去努力。古希腊的西齐斯推巨石上山，即将抵达山顶，石头又滚落下来。他没有绝望，又绷紧了身上的肌肉。他"失败"了，但至少在精神上他早已伫立于大山之巅。

在成功者的眼里，失败不但是暂时的挫折，更是一次次丰富的阅历、总结经验的机会。只要你坚持不懈地奋斗，总有一天，理想的种子会长成参天大树。

一些男孩因为一次小小挫折而一蹶不振，其实偶然的跌进坑里是你从高处跌落的权利。随着岁月的流逝和阅历的增长，你会发现，也许我们该像泰勒斯一样，弹去身上的灰尘。

奋斗中的男孩们有失败的权利。但其实，你回头来看，你真的会发现，只有不懂得奋斗的人才会失败！

第二卷：拥有完美修养的智慧女孩

修养是一种人生体验到极致的感悟，是人生感悟极致的平静，那是一种更为简单纯净的心态。有修养的女孩懂得只有淡薄世事之后，才会洞明凡尘，只有清心内敛之时，才会高瞻远瞩。

在年轻时融入世俗

在年轻时融入世俗，看到这句话，可能很多人不解。每个女孩都想自己清高，每个女孩都希望自己就像不食人间烟火的仙女一样，清逸可人，美丽可爱。可我们真能不食人间烟火吗？为了生活我们必须努力学习、工作。

早点学做个聪明的女孩，我们就会在刚走出学校迈进社会时，计划我们的将来，列出我们的长远目标和短期内要实现的愿望，并为之努力。努力提高自己的素质修养，同时还应该学习怎样理财，懂得理财是很重要的，它能让你有限的资金快速成长，为今后能早点过上时尚的生活积累资本，要知道生活每样东西都是需要钱的，这是错的定律。虽然钱不是万能的，但没钱是万万不能的，你想想，一个乞丐过的生活会是时尚的吗？

美丽清高、优雅高贵的一生是每个女孩子的梦想，把握好自己的一生却不是件容易的事，因为很多事情的变化，不是她们能够想像到的。就像每个妈妈都希望自己的女儿能幸福，无论怎样的付出都不会有怨言，哪怕牺牲自己！可女孩总要变成女人，离开妈妈的身边，去找自己的另一半。

就像你自己，妈妈千般的宠爱，却不知道珍惜，直到走进历经痛苦的婚姻，低下高傲的头，为人媳为人妻时，才明白妈妈当时的感受。不

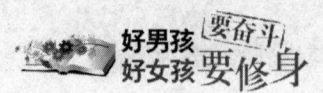

被看好的婚姻、冷眼相看的婆家人、陌生的环境，一切的一切都让你无所适从。就连当初那个把你爱的死去活来非你不娶的男人，如今也变得那么不如人意。走进婚姻就像从天堂到地狱，刀山火海的锤炼让你想不世俗都不行！当你发现嫁错了男人时，一切都来不及了。家长里短、柴米油盐让你的心操的越来越仔细，仿佛你就是天生的贤妻良母。你离不开家，家也离不开你。空空的钱包让你只能算计自己，省下护肤品、省下衣服、也省下时间让你来操持更多的家务。刚刚还是妈妈怀里的娇娇女，转眼就灰头土脸的成了婆家的女仆。是妈妈的怀抱养成了天性的软弱，公主变村妇，高贵的品格成了任劳任怨的法码。

二十几岁的女孩，除了应该学习工作以外，还要懂得享受生活，善待自己。二十几岁正是人生最轻松的时候，没有太多的负担，可以像十几岁的女孩一样让人宠爱，也能得到三十岁女人一样的尊重。不必给家里家用，也不需养育孩子，经济上比较宽松，能够享受生活带来的乐趣。过了三十岁就要为孩子家庭劳心劳力，那时想享受恐怕也有心无力了。

二十几岁的女孩还要懂得谈恋爱，没经历过恋爱的女孩不会在心理上成熟起来。那怕是一场没有结果的恋爱，也会让你心智成熟，懂得什么是忍让，什么是伤心，什么是幸福，还能让你更成熟，更有女孩味。

二十几岁的女孩，还要为自己的健康积累资本。女孩过了二十五岁，身体各机能就慢慢下降。有报道说，同样是三十五岁的女孩，经常运动的比不运动或少运动的在生理上要年轻八岁。所以多点户外活动吧，不要说没时间，时间对每个人都是公平的，只是看我们怎么对待它。早点摆脱那些无聊的千篇一律的肥皂剧，你会发现时间会被你所掌握。

二十几岁女孩啊，善待自己吧，学会每天给自己微笑。在早上起来后、在自己不开心的时候、在每天睡觉前都要给自己一个微笑，你会发现快乐离你越来越近。

二十几岁的女孩，早点懂得世俗吧，世俗能让你在以后不被现实的

生活压迫,世俗能让你更早拥有高品质的生活;也请你别忘掉快乐,自信快乐能让你容光焕发,更有魅力。

　　过好世俗的每一天,对得起别人,也要对得起自己,一点一点离梦想近一点!

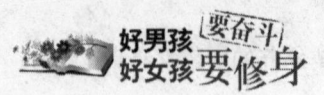

忘却你的出身

出身不可改变，但自己的人生并非绝对的。

对你而言，虽然父母的人生不尽如人意，但不等于你的未来也和他们一样，关健是要学会如何经营自己的人生。经营人生就像学习和经商一样，每一天都会遇到新的问题，只有经过不断的学习和磨砺，一步步充实自己，才能改变现状，超越自我。

忘却出身，好好规划自己的人生。

年轻的人生本来就是一张白纸，有充分的规划才会有圆满的收获。

学会为爱情而思索。嫁什么样的男人，过什么样的生活。

学会为财富而思考。你不理财，财不理你，这是很正常的事。所以，想要自己中年以后有更多的钱保证自己的幸福生活，那就要在每月发薪水时要有计划地存钱，虽然是几百块钱，但是，几年之后，你就会给自己一个惊喜。哇！我存了这么多钱了。

学会为命运而思考。就是如何活法。

想成为软件设计师，就要努力学习编程；想成为翻译，就要把外语学得跟母语一样好。想成为什么，就朝什么方向去努力。把大目标分解成数个小目标，几年之后，你会发现，自己原来真的可以。

人生真正的伯乐不是别人，而是自己。

第二卷：拥有完美修养的智慧女孩

当你具备了一定的潜力和能力，好运自然会伴随你。当你对人生有了积极的态度和想法，循着这些想法的足迹，就会为幸福和好运创造最大的可能。

所以，从现在开始，忘却出身的不幸，以乐观的心态面对未来。

如果你是一个年轻的女孩子，遇到一份好工作，不要害怕自己做不好，大声对自己说：我能行！那么，你一定会把这份工作做得尽善尽美。

遇到一个特别欣赏你的上司，不要怀疑自己的能力是否配他的赏识，大声对自己说：我能行！那么，你就会朝着他期望的那样越来越优秀。

遇到一个光芒闪烁如钻石一般优秀的男人，不要担心自己能否与他举案齐眉，大声对自己说：我能行！那么，你就会发现，他是世上最疼爱你的那个人。

<u>一份体面的工作可以给你带来不菲的收入。</u>

<u>一个赏识你的上司可以给你锦上添花的前程。</u>

<u>一个优秀的男人可以给你幸福一生的爱情。</u>

当你遭遇失业、失恋都不可怕，可怕的是你从此一撅不振。如果你从另外一个角度想：这是上帝给我一次重新开始的机会，那么，事情完全是另外一个样子。趁此机会好好休整一下，然后全身心投入下一次选择。

<u>好的命运，不完全取决于出身，而是你努力的结果。</u>

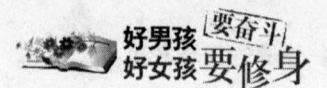

教养是最伟大的资本

一个女孩可以不漂亮，可以不美丽，甚至也没多少气质，但是不能没有教养，教养是一种潜在的品质；有教养的女孩不会随着岁月流逝而渐失光泽，而会越发耀眼迷人。

18世纪末政治家、思想家勃客曾写过这样的话："教养比法律还重要……它们依着自己的性能，或推动道德，或促成道德，或完全毁灭道德。"

在古代形容一个男人有教养是"谦谦君子，温润如玉"，夸一个女性有教养是"知书达理，温柔贤慧"。骂一个男人没有教养，最恶毒莫过"王八羔子养的"，说一个女子没有妇德，莫过于"母夜叉"。瞧，二者差别多大，一个是那样的雅，一个竟是那样的俗。

对凡尘中的我们来说，生活需要女孩有教养，家庭需要女孩有教养。

什么是教养呢？教养不是随心所欲，唯我独尊，而是善待他人，善待自己，认真地关注他人，真诚地倾听他人，真实地感受他人。尊重他人，就是尊重自己。真正的教养来源于一颗热爱自己、热爱他人的心灵。"己所不欲，勿施他人"是对教养的最好诠释。

一个女孩最伟大的资本是教养。

中国《美容时尚报》社长兼总编辑张晓梅说："我始终认为，女性

的教养程度是衡量社会文明的一个重要标准，女孩的教养决定着一个国家和民族的修养和前途。我特别想告诉女性朋友的是，女性修养、女性魅力是需要用心体味和感悟的，它是女孩修炼的结果。通过不断地修炼，每个女孩都可以今天比昨天、明天比今天更有魅力。更重要的是，是否知晓魅力的重要性，是否愿意不断学习提升魅力的方法，是否能够把提升魅力作为生活的一个重要内容并为此做出长期不懈的努力，会对一个人的事业和人生产生重要的影响。"

富有教养，是道德美的表现形式，它会随着岁月的增加、心灵的净化而日益显示出其光华。许多女孩看上去十分美丽，但她们行为粗鲁，往往惹得男人望而却步，或者心生厌恶；相反，那些相貌平常，但言谈和举止上富有修养的女孩常常能赢得男人的心。

<u>有教养的女孩静若幽兰，芬芳四溢</u>。时间可以扫去女孩的红颜，但它却扫不去女孩经过岁月的积淀而焕发出来的美丽。这份美丽就是女孩经过岁月的洗礼而成就的修养与智慧，就像秋天里弥漫的果香一样，由内而外的散发出来。

有教养的女孩像潺潺溪水，让周围的人被浸润。修养是一种人生体验到极致的感悟，是人生感悟极致的平静，那是一种更为简单纯净的心态。

有教养的女孩不会随着岁月流逝而渐失光泽，而会越发耀眼迷人．智慧是美丽不可或缺的养分，智慧之于女孩是博爱与仁心，是充满自信的干练，是情感的丰盈与独立，是不苛刻的审度万物，更是懂得在得到与失去之间心的平衡。修养与智慧的女孩让美丽在不同的时刻呈现出不同的状态，一生散发着无穷的魅力。女孩，应该是一道永远亮丽的风景线，笑看岁月，美丽依然，对朋友像春天般温暖。

女性教养程度的高低是衡量整个社会文明教养程度的一个重要标准，因为女性承担人类繁衍的重任，是女性养育了所有的人，是女性把我们带到这个世界。**<u>不管社会发展有多快，不管女性现在可以扮演多少种角色，女性最重要的角色始终是母亲</u>**。天下所有的母亲都希望自

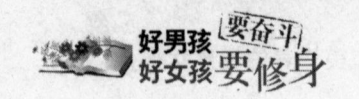

己的孩子成为一个有教养的人，成为一个受人尊敬的人。而如果母亲没有教养，孩子会有教养吗？

男人通常尊敬那些富有教养和内涵的女孩，并且常常试图和她们接近，保持某种亲密状态，并且以此为荣，而且依恋、迷恋于这种关系。如果条件允许，能把这样的女孩娶回家，共度一生，将是他们的人生梦想之一。

高贵女孩

俗话说：世界上没有不美的女孩，缺少的是欣赏美、发现美的目光。在我看来，世界上没有不具备高贵气质的女孩，但女孩们往往把自己的高贵气质忽略。而高贵的女孩，比美丽的女孩又高了一个层次。

别误会，这里面所说的高贵并不是指你的出身，或者说你本身所处的地位如何的显赫，这里所说的高贵是指心态上的高贵。**女孩只有做到了心态上的高贵，才能在爱情中洁身自好，守住自己的尊严，迎来属于自己的幸福。**

女孩要高贵，注定了你的眼界不能太窄，更不能过分世俗，满眼只有一个"钱"字，看到昂贵漂亮的服饰就迈不开步，为了一点蝇头小利或者黄金万两就出卖自己的灵魂。扪心自问：物质对你来说真的那么重要？这些东西本就是生不带来、死不带走，何况物质又是最容易满足的东西，只要你付钱就可以买到。物质这东西，太便宜，太容易得到，实在不足为奇。

恋爱中，女孩不能过分计较男孩给你买了什么，没给你买什么。别忘了，生活最需要的是实实在在可以过日子的东西，而不是那些看似艳丽却弱不禁风的玫瑰。女孩要看的，是这个男孩对你重视到了什么程度，他是不是每次见到你脸上都写着"幸福"两个字，他是不是随时准备为你付出一切，他是不是总在乎你的感受？

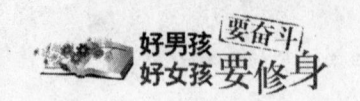

衡量一个女孩是否高贵，不是看她的衣着打扮是否足够的时尚，也不是看她吃饭的品位是否非山珍海味不吃，而是看她的灵魂是否高贵。**一个高贵的女孩，她的品性就像荷花一样清幽，无论对事还是对人，都有自己的底线和原则，任何时候都不会放弃良知和道德，更不会因为怕孤独就随波逐流，低三下四，同流合污。**

韩剧《大长今》给我们留下了深刻的印象，而女主角大长今身上那种高贵的品质更是打动了无数男人的心。大长今的可爱，就在于她即使面临生死考验，也不会动摇和放弃心中的信念，如同深谷中的幽兰，散发出阵阵清香。女孩只要在品性上加以修炼，假以时日，气质自然而然就出类拔萃了。

女孩的高贵，还表现为自尊自爱，做那个最爱自己的人，而不是向外乞求别人的怜悯。曾在网上看过一个故事，一个女孩因为男人几句甜言蜜语就沾沾自喜，自以为遇到了最爱的人，不用对方多说就主动投怀送抱。事后，她才发现类似的话男人不知道对多少女孩说过，只不过别的女孩都婉拒了，只有她傻乎乎地照单全收，还不明就里。后来，两个人因琐事而起争执，男人因为厌倦而急于摆脱她的纠缠，便公开对她进行羞辱。女孩不仅没有正面回应，反而忍气吞声，以为这样做就能让男人回心转意。

可能吗？看到这里，除了叹息别无他法。一个女孩，倘若自己连基本的自尊都做不到，还能指望男人尊重她吗？

有的时候会想起张爱玲那句话，"低到尘埃里开出花来"。这样的爱情，又有几分高贵呢？张爱玲在胡兰成面前太卑微，太看轻自己，以至于低得迷失了自我，失去了本性，甚至出钱帮胡兰成养活他的情妇，而胡兰成一直负她，从来没有把她放在心上。

女孩，不能像张爱玲一样，否则你只有独自掉泪的份儿，那个负心的男人是不会多看你一眼的。女孩要高贵，才能给男人提供一种信心。这种信心就是让男人放心，而且乐意为你付出爱。

这样，当你遇到喜爱的男孩时，你才不会计较他外在的东西，更不会在意他是否能给你"撑面子"。相反，你会处处维护他的自尊，时时扶持他的灵魂。当他失意时，你会不断鼓励他、帮助他，让他相信自己的能力；当他落魄时，你会陪在他身边，与他共渡难关。待到千帆过尽时，男人的心始终在你身上，因为你的高贵照亮了他前进的道路，让他不再孤单。

　　一个高贵的女孩，不会因为自己孤独，或者一个人生活太难，抑或只是一时的虚荣，就随便委身于一个男人。这样的爱情，杂念太多，只会让你自食其果。相反，高贵的爱，只是缘于真正的情投意合，缘于心灵深处的默契，仿佛千年的等待。

　　学着做一个高贵的女孩。

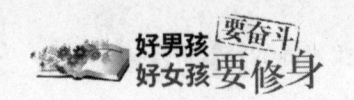

现代女孩的个性真谛

现代女孩之所以在个性追求方面发生了观念上的重大变化，就在于"花瓶效应"不能一劳永逸；要想闯出一条属于自己的生活之路，必须要突出和丰富自己的个性魅力。

女孩只有表现出与众不同的个性，才能符合现代潮流的标准，成为一名别具品味的"俏佳人"。

每个女孩都希望自己活得潇洒，活得快乐。在这种欲望的引导下，女孩不是变得越来越失去个性，而是个性越来越突出，她们总是根据自己的特点，去寻找恰当的个性，以求获得真正属于自己的生活品位。显然，一个女孩必须要有个性气质，才能赢得大家的青睐，才能发现自己美在何处。假如一个女孩失去个性，必然会变得与众人没什么不同，即使你的外表多么美丽，也只能是一种装饰。

许多女孩非常羡慕那些已经成功的女性。看到她光彩照人，每到一处都能产生明星效应，真是佩服之极。实际上，这种心理没有什么不对，也是每一位尚未成功的女孩具有的正常心理，因为不愿意使自己成功的女孩本来就是不堪设想的另一类的人。关键问题是：这些成功的女孩背后都与个性有关，她们是在个性方面充分发挥了自己的特长，塑造自己完美的形象。

所谓个性就是个人的独有的品味和气质。譬如说，你遇到任何事

情，都能坦荡大方，都能自信自己能够解决好，这就不像有的人一遇紧要的事，就会手忙脚乱，不知该怎么办。相比之下，你就具备了个性魅力。同样，有些人看上去美如天仙，但就是缺少那么一点文化品位，只能肤浅地谈吐事理，这样就令人觉得缺乏内涵，与许多漂亮的时髦女性没什么区别，不免让人遗憾；相反你能恰当的融入到谈话的氛围之中，表现自己的才能、智慧和幽默，给人一种与众不同的感觉——具有很好的文化素养和睿智的谈话技巧，那么你的个性也就会表现得淋漓尽致，让大家赞不绝口。这样的例子有很多，这里无法一一例举。但有一个基本思想就是：**没有个性的女性，不可能成为一名真正的美丽佳人；只有具备了独特的精神气质，才会成为一名令人羡慕的美女。**

生活中，有许多女孩仅仅懂得从外表上打扮自己，穿戴得一身宝气，流光溢彩，但是还不能与那些有品位的女孩相媲美，问题在什么地方？就在于不懂得从培养自己的个性入手，而徒有其表了。事实上，对于一个女孩来说，美丽并非全部属于外表，而是属于独特的个性。因此，个性之美是现代女孩突出自己形象特点的方法。

美国著名女性形象设计师雅·科利丝曾经说：人的个性说起来非常简单，实际上它是一个人提高自己生活品位的难题。因为个性的培养，不是一朝一夕的事情，而是一个人长期的精神气质、行为方式、情感特征的综合表现。离开个性，一个人就会流于一般，更不可能会出类拔萃。作为现代女孩，应当知道漂亮的服装是花钱可以买到的，而个性不是用钱能买到的。**美丽是可爱的，但如果能培养出一种炫目的个性之美，那么你的形象将更加动人。**

其实，当一个女孩明白自己的人性之美与形象之美的关系以后，你不妨抓住这个问题，从自己的个性上寻找美丽形象基因，或许你会收到意想不到的效果。不妨这样做一下：根据自己的个性，去领悟一位真正有品位的出名女性的气质。根据自己的特长，例如自信、大方、机智，在适当的场合加以表现，看一看周围人的反应。

去分析一下自己身边徒有外表之类的女性，想一想她们到底能够给

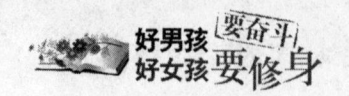

她们自己的人生带来些什么。

　　思考一下个性之美与自我形象的关系,想一想自己该如何从自己的个性出发,来设计自我形象,也许会有惊奇的发现。

　　请记住:宁愿不做外表重复的美女,也要做个性不同的女孩,才能让自己的生活与美丽相伴,这是作为一名现代女孩的真谛。

情调之美

美,是女孩一生的追求。而情调,则是女孩美丽的包装。也许你没有天生丽质,但是你可以拥有高雅的谈吐、迷人的仪态、优雅的气质和充实的生活,就如同一盅醇香的美酒,或者一杯清香的绿茶,品尝过后是回味无穷的芳香。这就是情调!它是女孩灵魂深处最温柔的秘语,是她们体验生活的特有方式。

但很多时候,现实中多数女子则常常有着这样或那样的借口,忽略了情调,忘记了情调。她们忙着上班,忙着赚钱,忙着实施一个又一个的计划,忙着那些永远也做不完的事。这些已足以使女孩喘不过气来,又何谈情调呢?

其实,情调的找寻并没有你想象的那么复杂,那么难以实现。只要我们给自己留一点时间,花一些心思,就足够了。当我们越是忙碌的时候,就越需要情调。情调会让我们释放心中的压力,会让我们的心情轻松,会让我们对生活充满感激,并享受发自内心的快乐。

可儿是个南方女子,因为爱情她在几年前来到了北京,现在生活稳定,家庭幸福。曾经的可儿是个让人羡慕的IT白领,但是为了追求那份源于内心的情调,她毅然辞职,做起了居家太太。当然,她并非完全赋闲在家,而是打理着一个专门针对女性的网站和自己的网店。在可儿看来,曾经的职场固然风光,但其中的拼争和压力让人难以有轻松的时

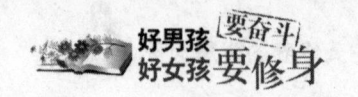

候，整天被纷繁复杂的工作和人际所包围，将自己本身应有的生活情趣给掩埋掉了。如今，收入和以前相比虽然少了点，但可儿感觉这样的生活让她和丈夫、孩子都更多地体会到了生活之美。从家里的布置到穿着的服饰；从晚上一家三口的团聚到周末结伴出游；从一个人抱着电脑坐在地毯上轻敲键盘到不定期的圈中好友聚会，凡此种种，无一不是可儿精心安排和用心感受的。这些，让可儿更爱这个家，也让在外企工作的丈夫更留恋这个家，让上幼儿园的女儿更喜欢这个家。

每每有人向可儿"取经"，如何变得有情调，可儿只有简单的一句话：不用刻意，认真对待自己的生活就可以了。在可儿看来，当窝在自己最心爱的懒人沙发里，敲着键盘，翻翻书，然后呷一口沁香的绿茶，抬头看看窗前的那丛玫瑰，再从摇曳的绿枝里望出去，看对面楼顶垂下茂密的紫藤和飘着白云的天空。这时候，一种悠然惬意的感觉就充满自己的身边，牵动着内心柔媚的情愫。正是因为可儿对生活的这份用心，让更多的人喜欢她，敬佩她。

乍看起来，情调似乎总给人一种虚飘的感受，似乎充满着矫情的成分。其实这都是因为对情调缺乏真正的了解。真正的情调，是基于一定的文化素养而流溢出来的生命形态和情感色彩。这是女孩至尊至美的"内核"。如果说气质是由天赋、教养、内涵、学识的总和构成的，那么情调则是女孩聪颖、智慧、灵气的天性。就像故事中的可儿，她正是在每一个生活细节上赋予了自己的聪慧和灵气而造就了自身的情调。一个有情调的女孩，必定是一个懂生活爱生活的女子。正是基于这份爱，她们将情调付之于生活，让情调为沉闷的生活平添了几分浪漫，给苍凉带来了些微绿色，给麻木带来了灵动，给沮丧带来了激情，给粗粝带来了滋润。可以说，女孩的情调正是来自于生命原动力的涓涓细流，来自于其自身坚强而又柔韧的情感张力。

也许有人会说情调是矫情的行为。其实不然。女孩的情调并非表演，而是发自内心的情愫。做情调女子并不是让每个女孩去望月伤情、望花落泪，甚至吟诗作画地去附庸风雅，更不是强作欢颜地奉迎男人。

女孩的情调恰恰是为了自己生命和生活本身的丰富。这份精神天地里的"财富"是任何东西也不能夺走的。

情调可以有很多种表现方式。可以是在一个早晨，从阳光中慵懒地醒来，离开你那散发着薰衣草香的暖暖被窝，到厨房里去调一杯清香四溢的橙汁，靠窗坐着，享受一个屋子里铺满阳光的清晨；可以是在寂静的夜里，打开CD，斜靠沙发，一边享受着月光的爱抚，一边让舒缓的音乐缓缓地流入自己的心里；可以用一个晚上，把心爱的他发给你的所有短信录入电脑，永远地存储，或准备一顿丰盛的晚餐，然后点燃蜡烛，斟满他喜欢喝的红酒，然后和他一同沉醉在微醺的芬芳里。

有情调的女孩就好比一幅意义深远的画，赏心悦目，令人回味无穷；有情调的女孩又好似一首歌，余音绕梁，使人充满无限遐想；有情调女孩还如同是一本书，耐人寻味，让人百读不厌。情调，实在是值得女孩用毕生精力去追求的一种生活的状态。

卢梭说："*女孩最使我们留恋的，并不一定在于感官的享受，主要还在于生活在她们身边的某种情调。*"情调像濛濛的细雨，"它是优美的，是屈尊到地面的天空"，它滋养着女孩的一生，使她们每一个日子都是那么丰盈而充满意蕴。

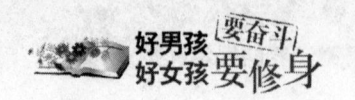

有"野心"才能主宰命运

关于女性"野心"的定义日本小说家林真理子说:"女人哪,站在平地上的时候什么也看不见,只能像井底之蛙似的仅仅知道头上的那片天。可上了一个层次之后,她便知道山外有山应继续往上攀登。这种攀登当然是苦不堪言的,痛苦的时候她就想下来,犹豫是否回到那块平地。然而,她再也不想回到那块平坦的地方。于是,只有咬紧牙关向上攀登再攀登。那种过程是相当痛苦、相当难熬的!但这就是我所谓的野心。"

女孩到底应不应该有"野心",一直以来都有很大的争议。男人和社会对女孩的期望总是倾向于家庭的,作为"筑巢动物"的女孩似乎就得一天到晚为了那个"小窝"忙碌才是正理。贤良淑德、与世无争是被公认的"女孩最应具备的美德"。

不仅社会的定义是如此,连女孩自己都是这样想,因为就像林真理子说的那样,野心是一种痛苦难熬的过程,要实现就得咬紧牙关努力向前,这对于总是喜欢习惯性将自己纳入弱势群体的女性而言并不是一件让人愉快的事儿,所以女孩大部分的"野心"都是自己放弃的。尤其是年纪越大,放弃的东西越多,坚持的东西越少,然后美其名曰"成熟"。

懂得放下固然是好的,但是放下并不等于放下所有的理想,更不等于随波逐流,放下该放下的、坚持该坚持的,才是一个成熟女孩应该具备的素质。而成熟的女孩也知道,自己一旦将"野心"放下,就势

必要回到原来的平地，原先所经历的痛苦和努力不仅白费了不说，最初的梦想和最想看到的风景也全部化为泡影，再无实现的可能。所以，尽管痛苦和难熬还是坚持了下来。也正因为如此，这些女孩的梦想才更容易实现。

邓文迪18岁时离开中国，14年以后回来时，她已经嫁给了世界传媒大亨默多克，成为总资产超过400亿美元的新闻帝国的"王后"。她对自己的评价是："*我是一个进取上进的人。无论做什么，我都尽心尽力。在家人和朋友需要帮助的时候，我总是随时伸出援助的双手。人生充满了跌宕起伏，不管是顺境还是逆境，我都会找到美好的东西，使生活尽可能地完美。*"正是因为有了向上的"野心"和对完美生活的追求才让邓文迪摆脱了原本平庸的自己，也是这份"野心"的支撑才让她通过不懈努力达到了人生的顶峰。因为她从不留恋那块"平地"，所以她比别人走得更高更远！

当然，所谓的"野心"并不是要你像邓文迪那样去钓个金龟婿、嫁入豪门，而是那种对待生活要积极向上的态度。即使你身边没有出现那个让你平步青云的贵人，你也一样可以让自己活得辉煌灿烂。

既然女孩和男人享有平等的权利，那么女孩也应该把"野心"当成自己的好朋友，因为它可以让女孩变得成熟、变得睿智，所以也才能造就出更多的"人中之凤"和那么多的传奇女子。

有"野心"对女孩们而言并不是一件坏事，你所有的梦想都要依靠你的"野心"来实现。在现实生活中循规蹈矩惯了的女孩们，与其每天穿着精致的套装，研究大大小小的人事关系，盘算着自己怎样才能在这"一亩三分地"里生存下去，倒不如将自己残存不多的"野心"重拾起来，即使不是为了翻云覆雨、乘风破浪，但也不至于让自己陷入一成不变的泥沼里，当你重拾"野心"的那一刻也就掌握了生存的主控权，亚瑟王的那则著名寓言不是也告诉人们"女孩真正想要的是主宰自己的命运"吗？所以，从这一刻起让自己重新成为一个"野心"的女孩吧，你的命运完全可以自己主宰。

第三卷：品行细雕琢，性格缓成就

男孩生来就会承担很多，当渐渐长大时，会回首以往的幼稚与错误。品行并非天生，当你有意去改变时，便是成熟的一种表现。举手投足间，一言一行中，都预示着一个人的未来。每个男孩都像是一块未经雕琢的璞玉，在生活在工作中，一把把的刻刀在将你缓缓雕琢，你理应去做握住刻刀的手。

拥有自己满意的男性身份

时下的男孩们处境艰难。他们似乎正竭尽全力，却发现越来越难以获得成功，顺应社会，找到满意的社会角色。各种统计数据显示：男孩比女孩有着更多的行为问题；犯罪现象也更多，犯罪年龄更趋低龄化；他们正在失去曾经相较于女孩子的学业优势；男孩子通过自杀行为表达绝望的比率也比女孩子高出许多。社会变迁、经济变革甚至教育方面的改变似乎正在削弱他们的男性本质。一些男孩子认为自己前途黯淡，而将之视为持续不断的压力或失败，他们的自尊心和积极性似乎跌到了谷底。

尽管如此，仍有许多男孩子摆脱了对于男性气概单一看法的束缚，一如既往地表现得异常出色，并拥有更大的自由。他们直面生活在这个新时代的挑战而茁壮成长，并且因为可以随着其热忱的内心思考、感受和行动而感到宽慰。

世上有各种各样的男孩子，他们可爱、风趣、具破坏性、志得意满、一意孤行。越来越多的证据表明，男孩子在身体和智力方面有别于女孩子。男孩子如何长大成人同社会和家庭给予他们多少尊重非常重要。他们不将教育视为纯粹女性的事情也很重要。但至关重要的是，要允许他们在善解人意的环境之下回应自己的男性本能，这样，他们或许

能够坚守自我，而不屈从于那些可能将他们引入困境的男性形象。男孩子要成长为讨人喜欢、富有爱心、适应力强和全面发展的成年人，能够尽享生活之乐，必须得到与女孩子同样多的爱、关心和关注。**男孩子的良好自尊，不仅仅源自于他们满意自己的性别，对做男人意味着什么有明确的认知，也来自他们拥有稳定的自我意识。**

男孩和女孩一样，是我们社会的未来。鉴于社会正在发生的变化，特别是在就业和家庭方面的变化，成长中的男孩面对未来感到困惑和迷惘，是非常正常的。比如：做父亲意味着什么？承诺和婚姻有多重要？男孩们应该如何应对有时出现的一些相互矛盾的情绪？当下社会正在发生的变化或许令人不安，但同时也可能让人感到解脱，因为这些变化为男孩子提供了更多做真实的自己进而提升其自尊水平的途径。

当今的男孩正处在一个十字路口。在男孩们面前，有两条路可以选择：一条路致使其机会越来越少，而自我怀疑越来越重；另一条路通向自我发展，自我价值得以提升。究竟选择走哪一条路，则取决于男孩们自尊水平的高下。

在过去，军人们必须情感坚强，身体强壮。一定程度上是为了让他们在战场上幸免于难，人们常常经由欺凌的方式，让其脸皮变厚，对自己的感情深藏不露，使之习惯于掩饰那些可能让国民失望的情绪。毫无疑问，适应力非常重要，但是男孩子——女孩子也一样——也必须善于灵活应变，能够在历经挫折后恢复元气，并培养所谓的"情绪勇气"。

这并不意味着否定人们的情绪。那些能够在21世纪生存下来的人们，应当具备圆熟的社会交往和人际技巧，用当下时髦的话说，他们具备"情绪素养"。男孩必须学会如何认识和理解自己及他人的情绪和看法，因为技术进步和更加激烈的全球竞争正在创造这样的工作机会——这些工作机会需要创造性的团队合作、集体解决问题、持续的交流沟通以及共同化解风险。

男孩都要拥有满意的男性身份，同时拒绝坚硬的情绪盔甲，不让自己远离真实的自我。大男子主义文化下缺乏情感的冷漠世界，对男性没有任何好处。人应该具有情感。<u>**男孩们注意提升自己的内在力量，有助于将自己培养成快乐、热心、慷慨、自信的个体、父亲和有益于社会的人。**</u>

男孩子要学会胸怀江海

一个男生因为别人讥笑他个子矮而烦恼万分,找到自己的老师,希望老师可以惩罚那些总是嘲笑他的其他孩子。老师笑了笑,便给他说了一个小故事。

师傅打发他的年轻弟子到集市上买东西。弟子回来后,满脸不高兴。

师傅便问他:"到底发生了什么事,你这么生气?"

"我在集市里走的时候,那些人都看着我,还嘲笑我。"弟子撅着嘴说。

"为什么呢?"

"人家笑我个子矮,可他们哪里知道,虽然我长得不高,但我的心胸很大呀。"弟子气呼呼地说。

师傅听完弟子的话后,什么也没说,只是拿着一个脸盆与弟子来到附近的海滩。

师傅先把脸盆盛满水,然后往脸盆里丢了一颗小石头,这时,脸盆里的水溅了出来。接着,他又把一块大一些的石头扔到前方的海里,大海没有任何反应。

"你的心胸很大,是吗?可是,为什么人家只是说你两句,你就生那么大的气,就像被丢了颗小石头的水盆,水花到处飞溅。"

弟子恍然大悟。发现自己的心胸太小太小了，人家只说一句"个子小"，自己就受不了，其实想想看，"个子小"好处多啦！机动灵活，每次排队都排第一，看什么都最清楚！太好了！

这样一想，你心胸就扩大了，别人议论你个子小，你就会笑着说："太好了，谢谢夸奖！"

一个人才能高低、贡献大小，并不在乎个子高矮。世界音乐大师贝多芬，并不因为自己个子矮而影响他在音乐上的伟大贡献。所以<u>自己相信自己，自己瞧得起自己是最重要的</u>。

对其他人的讥笑，你要大度，一笑了之，别往心里去；对打击你自信的非议，你要装聋作哑，不听进去；对攻击你的谣言，你要澄清事实的真相，不必回避。

<u>惟一能否定你的人，只有你自己。</u>

平时，很多人在一起议论高呀，矮呀，胖呀，瘦呀，并不是在讥笑，也不必多心，要表现出大海那样的宽容大度。不论是狂风暴雨，还是电闪雷鸣，她都同样奔腾不息，一浪推一浪，一浪高过一浪。

一个人不能没有自尊心，但多心也没有必要。有人讥笑你，你也不必恼怒。鲁迅说得好："最高的蔑视是无言，而且连眼睛也不转过来。""不理睬"是对待讥笑的最好办法。

<u>一名男孩，如果想优秀，就应该有一颗能包容的心，如果总是将精力与好心情浪费在这些事情上，又如何能有更高的成就。</u>

<u>好男孩要学会去拥有宽广的胸怀。</u>

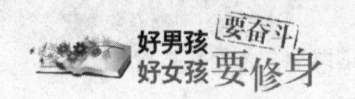

令男孩坚强的传染源

面对挫折，男孩一定要学会坚强，即使流血流汗也不能流泪！ 在我们生活的周围，很多人每天都面对着很多机会，但是有的人一生也没有抓住一次，原因何在？因为他们缺乏胆量和冒险的精神。**作为男孩，你应该具备的可贵品德就是乐观的心态，冒险的精神和坚强的奋斗品质！**

年少无知的时候，男孩常常豪情万丈地想改造这个世界。后来，随着年龄的增长才发现，我们改变不了这个世界，但是却能够通过改变自己的心态来改变自己眼中的世界。

两千多年前，佛陀就说过："万法唯心造。"意思就是说，整个世界是我们自己所创造出来的。你一定有这样的经验：当你正春风得意时，所看到的世界是多么美好，人生处处光明，充满希望，你看到的每一个人都是如此可爱，许多你原来不能接受的事情，也都能够一笑置之。可是当你遇到挫折时，同样的人、同样的事、同样的物却变得那么无法忍受！其实世界仍是相同的，只因你内心感觉的不同，所看到的便是不同的世界。

有一位老鞋匠，40多年来一直在一条进入城镇必经的道路上修补鞋子。有一天，一位年轻人经过，看到老鞋匠正低着头修鞋，就问老鞋匠："老先生，请问您是不是住在这个城里？"老鞋匠缓缓抬起头，看了年轻人一眼，回答说："是的，我在这里已经住了40多年了。"年轻人又问："那么你对这个地方一定很了解。因为工作的关系，我要搬到这里，想了解一下这是一个怎样的城镇？"老鞋匠看着这个年轻人，反问他："你从哪里来，你们那儿的民俗风情如何？"年轻人回答："我从××地方来，我们那里的人呢，别提了，都只会做表面文章，表面上好像对你很好，私底下却无所不用其极、勾心斗角，没有一个人会真正地对你好。在我们那里，你必须很小心才能活得好一些，所以我才不想住在那里，想搬到你们这儿来。"老鞋匠默默地看着这个年轻人，然后回答说："我们这里的人比你们那里的更坏！"这个年轻人哑然离开。

过了一阵，又有一个年轻人来到老鞋匠面前，也问他："老先生，请问您是不是住在这个城镇？"老鞋匠缓缓抬起头，望了这个年轻人一眼，回答他："是的，我在这里已经住了40多年了。"这个年轻人又问："请问这里的人都怎么样呢？"老鞋匠默默地望着他，反问："你从哪里来？你们那儿的民俗风情如何？"年轻人回答："我是从××地方来，那里的人都很好，每个人都彼此关心，每个人都乐善好施，不管你有什么困难，只要邻居、周围的人知道，都会很热心地来帮助你，我实在舍不得离开，可是由于工作的关系，不得不搬到这里。"老鞋匠注视着这个年轻人，脸上绽开笑容，告诉他："你放心，我们这里每一个人都像你那个城镇的人一样，他们心里都充满了温暖，也都很热心地想要帮助别人。"

同样的一个城镇，同样的一群人，这位老鞋匠却对两位年轻人做了不同的形容和描述。聪明的你一定已经知道：第一位年轻人无论到哪个地方，都可能碰到虚伪、冰冷的面孔；而第二位年轻人，无论到哪里，到处都会有温暖的手、温馨的笑容在等待他。

世界会不会因你而改变，在于你自己的心态。"*生活是面镜子，你对它笑，它就对你笑；你对它哭，它就对你哭*"。同样的环境里，有些人会觉得自己生命里到处都是一些和自己对立或者利用自己的人，觉得自己可怜，不被人爱；也有一些人无论到哪里，都能结交到一些知心

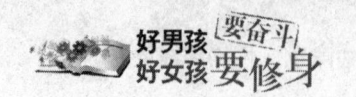

朋友。这一切都源于人对世界不同的看法罢了。从某种程度上说，你是一个小宇宙，而心态是这个小宇宙里至高无上的国王。

男孩在未参加工作之前，总是抱着美好的幻想，相信自己的才华能得到施展，相信自己的抱负能很快实现，相信世界公平到只要你付出就有回报，相信是金子就能发光……但是，现实往往不是这样的，它不会因为我们心存美好的幻想而变得如同幻想般美好。如果我们照着自己原来的思维去看待这个世界，那么，我们会逐渐地对这个世界失望。我们要做的，就是通过改变自己的心态来改变对世界的看法。

也许你一再坚持认为：我也不愿意让自己内心不快，但这是不可控制的。那你不妨设想这样一种情况：你在一个房子里，觉得心烦意乱，没有阳光，没有新鲜的空气，郁闷、窒息的感觉充斥了你的整个身心。事实上，外面阳光灿烂，鸟语花香。阻隔阳光和新鲜空气进入你世界的，仅仅是一扇窗而已，而改变这一切，只需要你动手打开这扇窗罢了。但是，很遗憾，在现实生活中，有些人宁愿发疯，也不愿控制自己的情感，还有些人则干脆放弃努力，苟且偷生，因为在他们看来，别人施舍的怜悯要比自己的乐观更有价值。

生活中有些人被人称为阳光男孩。为什么那些人身上充满阳光呢？难道他们的生活里没有忧伤、没有挫折吗？难道太阳会对他们格外眷顾？其实，就在于他们的心境与众不同。 俗话说：境由心生。环境是可以通过心情而改变的。举个例子，比如在饭店里，你可能常常因为服务员的服务质量差而不高兴，可是阳光男孩们会选择离开这家饭店，或者采取其他办法，但绝对不会自寻烦恼。这些人总是能找到快乐的途径：无聊的宴会和事务性会议会成为他们构筑人际网络的好场所；他们一样讨厌交通阻塞，但却能用别的方式来代替烦躁的等待和无谓的抱怨，吹吹口哨、哼哼歌或者用手机跟朋友交换几个好笑的短信；当他们感到厌烦时，他们会用几句关键的话扭转整个谈话的主题；他们会推迟三十秒钟再发脾气；他们能将沉重的叹息转为深呼吸……

幸福和快乐是可以传染的，同样，悲伤和不幸也是可以传染的。当你身边的人叹息时，你会觉得自己的心情也变得沉重起来；而当身边的人露出春风般的笑容时，你会发现自己的心情也跟着明媚起来。

但是，我们却很少意识到这些。我们总是习惯于失业时找同样失业的人聊天，失恋时找同样失恋的人来倾诉，悲伤时找同样悲伤的人来寻找慰藉……这样做的结果是让原本迷惘的你更迷茫，忧郁的你更忧郁。因为不幸也是可以叠加的，两个人的不快乐叠在一起是双倍的不快乐。

成功的人会激励那些不成功的人：一定要拥有积极的心态。悲观者却会用"站着说话不腰疼"的口吻回击："你不是我，当然不知道我有多惨。"但是，悲观者忘了，这些成功的人之所以能获得成功，并不是因为他们没有经历过艰难困苦，而是因为他们相信自己会得到成功。也就是说，<u>不是成功的人态度积极，而是态度积极的人容易获得成功</u>。

大多男孩有和几个好友一起借酒浇愁的习惯。但是，有这种经历的人都知道，这种方法对改善困境、甩掉烦恼并不会起到任何作用。因为，即便是最好的朋友，也无法做到设身处地地去感受你的心境，每个人都有自己烦心的事，他们可能无心来承担你的情感垃圾。所以，与其等待安慰，不如主动去寻找快乐。而和快乐的朋友在一起，接受他们快乐的感染，恐怕要更有效些。

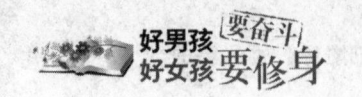

做自己的救星

男孩个人的勤奋努力对成功很重要,但同时男孩们应该承认,接受别人的帮助对自己的人生历程也很重要。诗人华兹华斯说得好:自助和受助这两个事物,虽然看起来是相互矛盾的。然而把他们有效结合才是最完美的高尚的依赖和自立,高尚的受助和自助。所有的人终其一生多少都会因被抚养和受教育而受人恩惠;真正的强者也往往是最乐意承认和接受这种帮助的人。

法国作家阿列克西斯·德·托克维尔的人生经历就是榜样。托克维尔的双亲都是贵族,父亲在法国还颇有名望,母亲则是马拉舍伯公爵的孙女。家庭背景的因素使他 21 岁就被任命为凡尔赛审计法官,但也许是他自己觉得才能不足以胜任,于是决定辞职,独自去外面闯闯。有人也许会觉得他自讨苦吃,但托克维尔却毅然决然地按照自己的决定去做了。他离开法国到美国游历,后来出版了他那本《论美国的民主》。对于托克维尔在游历中的那种孜孜不倦的精神,和他一起游历美国的朋友古斯塔夫·德·波蒙是这样描述的:他的性格与懒惰格格不入,无论是在旅行中还是在休息时,他的头脑一刻也没有休息。同阿列克西斯在一起,他最喜欢与你聊的就是什么东西最有用。对他来说,最难受的日子就是那些无所事事、白白浪费时间的日子;哪怕是浪费一点点时间都使他如坐针毡。托克维尔在给朋友的信中写道:生活中,人不能一刻没有行动,个人的外在努力和内在努力同样都是必不可少的,否则,我们只会增长年龄而不增加成熟的智慧。世间的人好比寒冷地区艰难跋涉的旅行者，走得越高远，就越能走得快。病态的灵魂是可怕的，为了抵抗这种病态，人们不仅需要内在精神的支持，也同样需要与生活和事业上的朋友彼此关爱，共渡难关。

尽管托克维尔有力地证明了充分发挥个人吃苦耐劳和独立精神的必要性，但他更充分地使我们认识到，人的一生中，或多或少地要得到别人的帮助或支持，这种价值意义非凡。因此，他非常感激他的两个好友德·克尔格雷和斯托菲尔。前者给托克维尔精神和智力的帮助，后者从道义上支持和同情托克维尔。托克维尔曾对德·克尔格雷写道：你是我唯一值得信赖的心灵，你的影响使我一生受益。许多人影响过我，但没有一个人能像你那样，你对我基本理念的形成和行为规则的确立意义巨大。托克维尔也从不掩饰他对自己的妻子玛丽深深的感激之情。她以好脾气和贤淑性格支持了托克维尔的研究，他相信一个具有高贵心灵和气质的女人会在不知不觉之中提升丈夫的品性，而一个低级庸俗的女人只会败坏她丈夫的心灵。

无论是各种各样的帮助与支持来自于哪里，朋友或者亲人。男孩们都应当庆幸和感恩，这真的是我们的福气。 受惠于人与施惠于人都是值得高兴的事情，这与自立这个概念并不矛盾。自立说的是男孩们自身的品格，应当把自己的奋斗看成是天经地义的事情。而友好的帮助与珍贵的友情，则是男孩们闪光的个人品德得到肯定的侧面地反映，男孩们无疑应当高兴和自豪，并且大可以把这当成是一种财富，使自己的人生完整，使自己日后的成功多了一份值得回忆的色彩和韵味。

总之，人类的品格塑造是受各种因素影响的：有榜样和格言的因素，有生活和书本的因素，有朋友和邻居的因素，也包含着我们所生活的环境和先辈精神的影响，我们继承了他们品德言行的优秀部分。我们不但要承认这些影响，而且更需要明白，我们是自己生活和行为的主人。因此，无论别人的帮助多么明智和美好，从最终意义上讲，男孩们自己才是自己最好的救星。

成大事者，也要拘细节

有句古话说，成大事者不拘小节。很多年轻人都把这句话当做是懒惰、逃避问题的挡箭牌。记得一位朋友大学时在学校就是不注重个人卫生，总是爱穿着不太干净的衣服出现在所有人面前，每当别人质问时，总会随口回一句，成大事者不拘小节，别人也不再多说。直到毕业后，朋友穿着一身满是褶皱的带着酸味的西装去面试，得来人事经理的一句质问，他同样随口的一句"成大事者不拘小节"顶回。结果便是无情的被踢出门外，朋友现在每当提起此事，总是满心后悔。

真正的成大事者不拘小节是指莫要计较一些小事，不要太去在乎鸡毛蒜皮的事。但成大事者又必然去注视一些微小的细节，那也是你获得成功、获得精彩的亮点。

朋友还聊过这样一件应聘的事情，也很值得思考。

年前的一天，朋友去一家公司应聘一名营销经理，年薪 8 万。他一路闯关，从 99 位应聘者中杀出，终获总裁召见。

那一天，朋友飘飘然地走进总裁办公室。总裁不在，只有一位年轻漂亮的女秘书洋溢着一脸职业性的微笑，对他说："先生，您好，总裁不在，总裁让您给他打个电话。"

朋友掏出手机，拨了一串号码。但就在这时，他看见办公桌上有两部电话，就问女秘书："我可以用用吗？"

"可以。"女秘书依然微笑着。

他拿起电话，终于跟总裁联系上了。总裁在那端兴奋地说："小王啊，我看了你的简历，打听了你的答辩情况，的确很优秀，欢迎你加盟本公司。"

朋友高兴得心花怒放，第一个反应就是要将这个好消息与自己的女友分享。半个月前，女友出差去了国外。刚拨了手机，却又迟疑了：这可是国际长途啊！这时，朋友又看了看那两部电话，忽然想到：我都快是公司的人了，他们是大公司，不会在乎一点儿电话费吧？于是便拿起电话："喂，米妮吗？告诉你一个好消息，总裁已经……"

恰在这时，另一部电话响起。

"先生，您的电话。"女秘书送了朋友一个诡秘的笑。

"对不起，小王，刚才我的话宣布作废。通过DVP监控，你没能闯过最后一关，实在抱歉……"总裁在电话里温和地对朋友说。

"为什么？"朋友很诧异。

女秘书惋惜地摇摇头，叹道："唉，许多人和您一样，都忽略了一个微小的细节。在没有成为公司正式员工之前，明明身上有手机，干嘛不用手机呢？"

当时听完这个故事时，很多人付之一笑，笑骂朋友的倒霉。其实很多事情的发生是必然，<u>一个微小的细节可以体现一个人的内心、品行和价值观</u>。当很多人不对此在意时，却已经有一部分人在注重这些细节的同时脱颖而出。

年轻时，我们总会纵容自己的坏习惯，而不去看重生活、工作中的一些小细节，但这些往往都看在别人的眼中。长此以往，也会影响旁观者对一个人的评价。

<u>成大事者不拘小节，但在细节上应该紧紧拘束，与众不同的就来自你身上比别人多出的一点点小亮点，一点点小细节。</u>

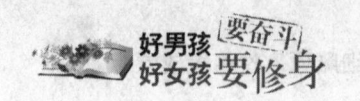

坚定信念，困苦只能让你更加坚强

生活里永远不缺乏困苦，生活里也永远不缺乏勇者，迎着一切苦难勇敢前行。现在的生活无疑是很优越的，很多男孩不记得什么叫苦什么叫痛。但当芝麻绿豆大的麻烦来临时，都缺乏足够的勇气去面对，而是去选择逃避。

相信很多人都听过约翰·库缇斯的故事，那是一个真正的生活勇者，从他刚出生的那一天起，便在面对着种种的磨难。

当父亲在医院第一眼看到刚出生的儿子时，他的心都碎了——小家伙只有可口可乐罐子那么大，腿是畸形的，而且没有肛门，躺在观察室里奄奄一息。医生断言，这孩子几乎不可能活过 24 小时。

悲伤的父亲回去给孩子准备好小衣服、小棺材、小墓地后，回到医院发现儿子居然还活着。可医生又接着说了，孩子不可能活过一周。然而小家伙挣扎着，活过了一周、又是一周……孩子顽强地活了下来。父亲将他带回家，取名为约翰·库缇斯。

小约翰实在太小了，周围的一切对他来说都像庞然大物。胆怯的他对任何比他大的东西都充满了恐惧，尤其是家里的狗经常欺负他。然而，家人并未因他的恐惧而给他多几分关爱。相反，父亲经常对他说："你必须自己面对一切恐惧，勇敢起来！"

时光飞逝，小约翰上学了。当他背着比他个头还大的书包、坐在轮表现出你的优秀，这是你取得别人信任的基础，但做到这点只能让你成为骨干。**要成为领导，你还得做到很多方面：大度，宽容**。器小易盈，有容乃大。既然人的性格差别是如此的纷繁复杂，那只有你具备宽容的心态对待你的朋友、你的敌人，才能逐步扩大自己的影响力和势力。狭义的个人主义，只会让自己陷入孤立，你要学会和别人交流，要让别人了解你，才能让别人心甘情愿地跟随你。不要事事只想自己，更多地考虑别人的感受和利益，用自己的人格魅力来领导团队，才能让每个人都充满斗志，不顾一切。要知道你作为团队的领袖，最终收获最大的只有你。不过对敌人的宽容不是忍让，宽容的前提是你已经击败了他，他已经心服口服的输给了你，而你本可以彻底击跨他却并没有这么做。这样能换来感激和忠诚。这个世界英雄相惜的故事层出不穷，不管鹿死谁手，英雄总能得到朋友和敌人的尊敬。

第四卷：处世中展现女子之德

为了让自己在物质和精神的享受中，体会幸福人生，就要对未来充满期待，自信将来的生活会更美好。虽然好日子的定义因人而异，但大多数人的想法是差不多的。不过，在能否过好日子这个问题上，比"有天赋"和"命好"更有影响力的就是"聪明"，它决定着你是否能够做出明智的选择。命运不是一成不变的，它可以依靠努力来改变。

示弱是另一种温柔

记得张爱玲老早就说过，善于低头的女孩是最厉害的女孩，越是强悍的女孩，示弱的威力越大。

示弱，是保护自己的一种方法。你见过柔软的芦苇么，柔而韧，她不会在狂风中被折断。柔弱的女子，大多招人喜欢和疼爱，得到更多的关心和爱护。

女孩争强好胜，自然无形中就会树敌。这个年代，竞争激烈，你的竞争者中不乏磨刀霍霍的男人。于是，氛围就很紧张。你柔弱似水，别人的刀枪即便是挥向你，抽刀断水水更流，他也奈何你不得。

示弱应该是女孩最强的杀手锏了。君不见多少英雄豪杰终究倒在了女孩的温香暖玉当中，谁敢说这样的女孩不聪明，不厉害，个性当中没有好强的一面。古代的女孩会"一哭二闹三上吊"，可惜这些招数只能治标不能治本，男人只会因此而不堪其烦，被迫屈服。如今女孩强大了，几十年前毛主席就说，妇女能顶半边天。"一哭二闹三上吊"这招也确实不宜当今的女性使用。真正具杀伤力的武器应当是能体现出现代女性的策略，比如有人说过的"一笑二羞三落泪"。

大美人关之琳说过，对付男人最厉害的武器是微笑。他迟到也好，暴跳如雷也好，对不起你也好，以不变应万变，始终沉着微笑，于是这人便因你的宽容而佩服你，珍惜你；再者是二羞，女孩的娇羞绝对是对

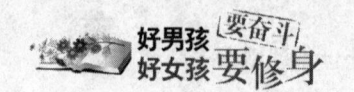

付男人的另一利器，可惜现代女子身上处处可见的强悍个性——好强，坚毅，彪悍。像古时女子的那种未先说话先脸红的，像熊猫一样几近绝种；最后是三落泪，女孩，一定要晓得如何善用眼泪。比如说默默流泪要比号啕大哭更具效果。当然眼泪虽是必杀技，但若太过做作或者老用这招效果也只能适得其反，过犹不及嘛。

不得不承认，现代的女性太强太独立了，会让身边的男人完全显不出自己的重要性。虽说男女平等，但毕竟现在还是父系社会，在工作上女孩比自己强也只好认了，但若是在情场上呢？不肯向男人低头，拒绝男人的照顾，一定要跟男人分个高低等等，这样做只会把自己的感情逼向死角，换来伤痕累累，只得在暗夜里独自垂泪。倘若遇到了一个善于"示弱"的情敌，必定弄出个溃不成军的败局。

对于女孩子来说，示弱表现形式为撒娇、流泪、含羞、微笑、静默等等，对于男孩子来说，示弱的表现形式则为不说话、掉头走开等。

示弱不等于你真的很弱，有这样一句话："向人示威是人人都会，向人示弱却是少数人才会，因为这需要智慧和勇气。"

示弱不是妥协，而是一种理智的忍让。示弱不是倒下，而是为了更好、更坚定地站立。为了美好生活，让我们学会示弱吧。

朋友相处中，学会示弱能增进友谊。对一件事情的看法，朋友之间的争辩是最伤感情的。卡耐基认为："不论你用什么方式指责别人，如用一个眼神，一种说话的声调，一个手势等等，或者你告诉他错了，你以为他会同意你吗？绝不会！因为你直接否定了他的智慧、判断力、荣耀和自尊心，这反而会使他想着反击你，决不会使他改变主意。"

在爱情和婚姻中，聪明的女子也会学会示弱。曾经有个十分聪明能干的女孩，她爱上一个男孩，可这个在别人眼中十分优秀的女孩却始终没法得到男孩的心，她很痛苦，追问原因，男孩说："你意志太强大，我始终没法找到理由去关心你，你不需要别人帮助，而男人是有保护弱小的天性的。"这个故事并不新鲜，因为并不是所有男人都有强烈的征服欲望，喜欢追逐性格刚强难驯的女孩。现实生活中，适当地示弱是一种技巧。

聪明的最高境界是大智若愚，而聪明女孩的最高境界便是——懂得适时展示你的柔弱。女孩，示弱是另一种方式的温柔！

装傻的神奇好处

很多人比较欣赏装傻的女孩子，这样的女孩子不是真正意义上的傻，其实她聪明着呢，有点像东京爱情故事里的那个女主角。聪明的女孩子能够让男孩子更加喜欢自己，其中最可行办法的就是装傻，既达到了自己的目的，又给足了喜欢自己的男孩子的面子。

那些优越条件、锋芒毕露的女孩子，惟恐别人说自己不聪明，处处都要高其他人一等，即使在男朋友面前，也要显得什么都懂，什么都会，因为聪明，因为总识破男孩的一点点隐瞒，所以在她们守住自己的聪明才智的时候，却令男孩失去了被尊重和被宠爱的感觉。女强人类型的女孩子，很少有男孩子喜欢的。

男孩们喜欢在朋友面前炫耀，让朋友们肯定自己在追女孩子方面有一套，聪明的女孩子不会不给面子吧。我很欣赏一个女孩子的一段话："这样的女孩是最讨男人喜欢的类型了，会像个娃娃一样跟男人撒娇，又能像个贤惠的女孩一样心疼男人能陪你玩游戏看球赛，能跟你的兄弟喝酒打牌这样让男人赚足面子的女孩，怎么会不永远被男人捧在手心里？"看看吧，虽然跟装傻没有关系，懂男孩的心思就是聪明的女孩子，男孩子的心思就是这么点，可是女孩子的心思就难猜了。男孩子在恋人面前也是个小孩子，既希望自己爱着的女孩能够给他母爱似的宽容和理解，又希望她有一份童心，能小鸟依人，跟自己傻傻地、真实地

相处，让自己觉得既安全又温馨。

能够装傻和喜欢装傻的女孩子也是有区别的，能够装傻的女孩子能够很清楚何时何地做什么事情，喜欢装的呢，感觉上让人感到这女孩工于心计。男孩们都有自尊，装傻的女孩能处处照顾到这个特点，男孩满足了自尊，回过头来就会很疼爱这个女孩；男人都容易犯些小错，装傻的女孩会以宽容的姿态把大事化小、小事化无，犯错的男孩会对她充满感激。

傻是门学问，是种境界，貌似痴痴呆呆，实则心底澄明，有隔岸观火的冷静，又有雾里看花的迷离。那种欲说而不语的魅感像梁朝伟斜角45度的眼神颠覆了感官，让周身的世界变得五彩斑斓。如果你懂得在爱情里装傻，那么恭喜你，你一定是个能够将生活的各方面都经营得很优秀的人。

装傻是一种境界，是聪明女孩所为。装傻并不是让人唯唯诺诺，忍气吞声，任何事情都有它的模糊地带，装傻是换一种方式，把生活中的小事模糊处理。

有些女孩子爱跟男朋友或老公较真，总能揪住男人说错的几句话或者几个坏习惯不放手，每天吵个不休，让人猜不透她真正的意思，久之，便会让人觉得累。而另一种女孩却懂得适当的"装装傻"，她也撒娇，但是婉转乖巧；她也任性，但是要求的是对方能够做到的事。每个人都喜欢舒服的感觉，跟她在一起很轻松，这是能够让她在对方心里保持无可替代的位置的重要法宝。

斤斤计较的女孩可能会得到一时的满足；锋芒毕露的女孩可能会得到一刻的虚荣，但你得意之时也许埋下了隐患，种下了祸根，装装傻可能会别有洞天。

试想一个男人是喜欢整日跟踪盯梢、吵吵闹闹的悍妇还是喜欢一个在适当时候装傻的睿智女孩？对老公你不必看他太紧，不必疑神疑鬼。老公就像女孩手中的风筝，松一松手中的线，他会飞得更高、更远；适当地紧一紧手中的线，也就是恰当的约束。对男人可松可紧，可长可短，这就要靠女孩的聪明智慧来准确把握了，如果不想放弃婚姻，那就不要放弃手中的风筝线。

女孩的宽容会让男人有安全感，他会更加感激你，会愈加爱你……在同事和朋友之间适当地装装傻，也会有事半功倍的效果。在老公出差学习的日子里，老公的一个老板朋友打电话来，嘘寒问暖，语气暧昧。她有所戒备，果不其然，他提出要和她交"朋友"，她既没气也没恼，"咯咯"一笑："我们已经是朋友了，你是我老公的朋友，当然就是我的朋友了，……今天你一定是喝多了，净说些酒话……"然后她装做一个不解风情的傻瓜，随便找了点借口挂断了电话。

在不偏离道德航线的时候，有时退让是为了更好地防守，给对方一点空间，给他一点回旋的余地，给他留足了面子，给他反省的机会……那么当他理智的时候，他就会对你心存感激，感激你的宽容和庇护，他就会把你当成心中的圣女，这种唾手可得的荣誉，何必要推辞掉？何况男人的哲学：得不到的永远是最好的。

<u>聪明的女孩，三分流水二分尘，没有必要把所有的事情弄个水落石出，也不必把事情弄得不可收拾。</u>就算你天生有一双火眼金睛，揉不得一点沙子，可到最后伤害的不仅仅是一双明亮的眼睛，有时还会连累婚姻。试一试，适当的装装傻，你会觉得天是那么蓝，水是那么清，花儿还是那么美……。

装傻也是女孩的独门艺术：那种明了一切却不点破的拈花微笑，最令男人着迷！依在下之说法，真正聪明的女孩是男友整天碎碎念：你这个小笨蛋儿，真笨。其实心里早被眼前的调皮小鬼征服！

始终明白自己的所需

大部分的女孩之所以过得不快乐，并不是因为自己的欲望或野心得不到满足，而是根本就不知道自己的欲望和野心是什么。因为不知道自己要什么，所以只能跟着感觉走，然而感觉也有迷茫和迷路的时候，那怎么办呢？要么等待观望，要么随波逐流，要么等着别人的救赎，而那个救你的人已经被你自动设定为你所谓的"Mr. Right"了。女孩难道终归是要靠男人的拯救才能过好自己的下半辈子吗？何况那个真命天子能不能出现根本就是个未知数。

大女孩、女权主义者对这种观点自然是全盘否认的，可是女孩们秉持这种观点就能守得云开见月明吗？未见得吧。你自己都不知道自己要什么，别人把他们以为你想要的给了你，你也欣然接受，如果能一辈子接受倒还好，要是时间久了发现那不是自己想要的了，你要哭恐怕都来不及了。很多女孩都是这样得过且过走过来的，所以她们的人生才总是那么不快乐。你不快乐是因为你不知道要什么，你不知道要什么，所以你不知道去追求什么，你不知道追求什么，所以你什么也得不到。

经历雪藏又重新起航，并且演艺事业更加辉煌的蔡依林说："在雪藏的前几年，我因为媒体把我塑造的样子而真的变成了那个样子，那个样子实际上不是我想要的。是在做别人要的蔡依林而不是真的蔡依林。我觉得我现在更懂得自己要什么，知道自己现在每一步做的事情是可以

达到自己要的那种感觉，我觉得聪明的女生就是要知道自己要什么，为什么而活，而不是为了你要变成什么样子的人。"

也许人需要经历才会成长，需要迷路才会找到出路，不过在你迷路无助的时候一定要冷静下来，想清楚自己到底要走那条路，这条路的终点是哪里，在终点等候你的究竟是不是你想要的。世界上绝大部分的女孩在选择之前都没有做出一个准确的判断，更没有对自己有一个准确的定位。工作要好的，怎么个好法好像没有个标准，最好是挣钱多、离家近、名声好又很清闲的。至于是什么样的工作、这个工作是不是适合自己、怎样操作、要达到怎样的目标才能名利双收，根本连想都没想过。

到了选男友选老公的时候标准更是一笼统：要高、要帅、要有钱、要能干、要听话、要爱我而且永远只爱我。这标准的确是好，只是这种白马王子式的标准恐怕没有一个男人能达到。最关键的一点是，这些看似标准的标准根本就没有标准，因为太不具体：要帅到什么程度，多少钱算有钱，从事什么职业，什么个性，有什么嗜好，这些你都不知道，看似你是知道自己想要什么，其实你还真的没有弄明白。也所以才会有那么多的人生活不如意、工作不如意、爱情不如意、婚姻更是不如意了。

<u>只有真正弄清楚自己想要什么，你的人生才会有方向，才能朝着目标一步一步的迈进，人生才有了奔头，你也才能得到自己想要的结果</u>。对于女孩们而言，想要知道自己要什么好像并不容易，因为好像都想要，又好像都是鸡肋，难以取舍。那就不妨将你想要的和不想要的统统列到一张纸上，然后分类，再进行逐条分析，在每一类中筛选出你最中意的那一条，之后将其余的毫不犹豫地统统划掉，只按照那一条去选择、去努力，这样是不是就简单多了？其实生活本来也没那么复杂！

倾听能赢取好人缘

上帝给人们两只耳朵,一张嘴,其实就是要我们多听少说。**生活中,最有魅力的女孩一定是一个倾听者,而不是滔滔不绝,喋喋不休的人**。倾听,不仅仅是对别人的尊重,也是对别人的一种赞美。我们知道,在社交过程中,最善于与人沟通的高手,是那些善于倾听的人。也许在交谈过程中她并没有说上几句话,但是她一定会得到他人的肯定,认为她是善于言辞的人。

倾听是对别人最好的尊敬。专心地听别人讲话,是你所能给予别人的最有效、也是最好的赞美。不管说话者是上司、下属、亲人或者朋友,或者是其他人,倾听的功效都是同样的。人们总是更关注自己的问题和兴趣,同样,如果有人愿意听你谈论自己,你也会马上有一种被重视的感觉。小菲,是公司里年纪最小的,但是大家都很喜欢她。她积极、上进,总是很虚心,无论是谁说话,关于工作的或者与工作无关的,她都能够做到安静地聆听。注意倾听别人讲话总是会给人留下良好的印象。在小说《傲慢与偏见》中,丽萃在一次茶会上专注地听着一位刚刚从非洲旅行回来的男士讲非洲的所见所闻,几乎没有说什么话,但分手时那位绅士却对别人说,丽萃是个多么擅言谈的姑娘啊!看,这就是倾听别人说话的效果。它能让你更快地交到朋友,赢得别人的喜欢。当然,倾听不仅仅是保持沉默,用耳朵听听而已。

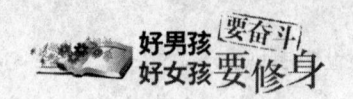

如果我们只用眼睛或耳朵来接收文字，而不用心去洞察发现对方的心意，就没有实现读或听所希望达到的目的，结果只是浪费时间，并不能达到有效沟通的目的。

真正的倾听，是要用心、用眼睛、用耳朵去听。女孩不但要学会用耳朵倾听，还要学会用心去倾听。如何倾听，才能让女孩掌握主动？以下是处于交往中的女性要掌握的倾听技巧。

良好的精神状态是倾听质量的重要前提，如果沟通的一方萎靡不振，是不会取得良好的倾听效果的，它只能使沟通质量大打折扣。要努力维持大脑的警觉，而保持身体警觉则有助于使大脑处于兴奋状态。

谈话时，应善于运用自己的姿态、表情、插入语和感叹词。如微笑、点头等，都会使谈话更加的融洽。

开放性动作是一种信息传递方式，代表着接受、容纳、兴趣与信任。这会让说话者感到你已经做好准备积极适应他的思路，理解他所说的话，并给予及时的回应。它传达给他人的是一种肯定、信任、关心乃至鼓励的信息。

沉默是人际交往中的一种手段，它看似一种状态，实际蕴含着丰富的信息，它就像乐谱上的休止符，运用得当，则含义无穷，真正可以达到"无声胜有声"的效果。但沉默一定要运用得体，不可不分场合，故作高深而滥用沉默。而且，沉默一定要与语言相辅相成，才能获得最佳的效果。

适时适度地提出问题是一种倾听的方法，它能够给讲话者以鼓励，有助于双方的相互沟通。

当对方说话内容很多，或者由于情绪激动等原因，语言表达有些零散甚至混乱，你都应该耐心地听完他的叙述。即使有些内容是你不想听的，也要耐心听完。千万不要在别人没有表达完自己的意思时，随意地打断别人的话语。当别人流畅地谈话时，随便插话打岔，改变说话人的思路和话题，或者任意发表评论，都被认为是一种没有教养或不礼貌的行为。

要使别人对你感兴趣，那就先对别人感兴趣。问别人喜欢回答的问题，鼓励他人谈论自己及他所取得的成就。不要忘记与你谈话的人，对他自己的一切，比对你的问题要感兴趣得多。

总之，倾听需要做到耳到、眼到、心到，当你通过巧妙的应答把别人引向你所需要的方向或层次，你就可以轻松掌握谈话的主动权了。

能做个耐心的听众是一件难能可贵的事。<u>不管是在日常的社交过程中，还是在职业场合里，女孩都要学会做一个有耐心的听众，并且把你对说者的尊重和诚意表现在脸上，你将会有意想不到的收获。</u>

倾听是我们对别人最好的一种尊敬，很少会有人去拒绝接受专心倾听所包含的赞许。所以，女孩不仅要会说，更要会听。善于倾听，就会让你处处受到欢迎。

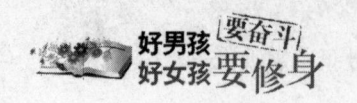

"主动"才能让你抓住机会

"羞答答的玫瑰，静悄悄地开"。这句话不仅形容了二十几岁女孩的美丽，也道出了她们特有的矜持。的确，大多数年轻女子走过的路，多半是平坦的大道；体验过的生活，多半也是顺风顺水，但也正因缺乏历练，她们不能深刻地感受到，人与人之间交往，主动出击是何等重要。年轻的女子经常等到他人先主动地打招呼、露笑脸、上前问候，才肯被动地与人交往。正是每次的被动等待，成了横亘在彼此间无法逾越的鸿沟。

<u>生活中无论做什么事情，都要积极主动，只有积极努力地付出后，才能有所收获</u>。人际交往也是如此，只有积极行动，才更易博得他人的喜欢，更易结交朋友，收获好人缘。

一些年轻女子之所以在人际关系中一直受到冷落、排挤、孤立，往往是因为她们一向以姜太公钓鱼的姿态对待周围的人，太过矜持。

学设计专业的雨萱，大学毕业后应聘到一家广告公司做设计师助理。由于她的性格有些内向，不善言谈，加之又刚来到公司，所以，她从未主动与同事打过招呼，更谈不上熟识。转眼间，她来公司已经有一个多月的时间了，但和同事间的关系依旧停滞不前。

一次，设计师让她联系一个部门的经理，她却羞涩地说自己不认识对方，不知该怎么联系。设计师有些不满地说："你都来公司这么久了，公司中的人还认不全，怎么能更好地开展工作呢。"

后来，一个客户过来洽谈业务，恰好设计师在开会，雨萱看见对方走进设计师办公室没找到人，却碍于不认识不敢上前主动攀谈，于是就像没看见一样，坐在办公桌前一动没动，客户在设计师门口转悠了两圈发现找不到人便走了。结果，这个客户成了他们公司最大竞争对手的客户，这次雨萱工作上的不积极，与人交往的不够主动，让公司遭受了不小的经济损失。

雨萱因为过于被动而令自己丧失与人交往的机会、令公司蒙受损失的经历，足可以给女孩们敲响警钟。其实很多人，都有等待他人主动结交自己的心理，如果人人都被动等待，那人与人之间又如何能顺利交往。如果能主动、积极地先与对方打招呼、联系，表达出自己对对方的友好，那么对方通常会高兴地回应你，并与你展开深入交往的。

很多时候年轻女子们也想要积极主动地与人交往，却不知道该如何打破彼此间的隔阂、克服与陌生人交往的畏惧心理。首先对于不太熟识的人，你可以先主动与其打招呼，然后记住对方的名字，这样下次再见面，就可以亲切地叫出对方的名字。

另外，也可通过其他方式打通与人交往的通路。比如利用同学、同事、同乡等关系去结识更多的人，也可通过微笑、问候和主动的关心等打破彼此间的陌生局面。

人际交往重在彼此的互动，所以说主动与他人保持联系，不坐等人情送上门，是一切人际关系的前提．大胆地与人打声招呼，适当地给人以微笑，主动地打个电话，问候一下，关心一下，没什么大不了，也没什么难为情。所以，赶快行动起来吧！

选对适合自己的位置

很多女孩一生的失败和不快乐都是源于自己入错了行，或是选择了一份和自己性格兴趣不相称的工作，有的人甚至为了短暂的物质利益而宁愿将自己锁定在狭隘的工作中承受心灵的煎熬，结果浪费了自己的青春，荒废了自己的才智，消磨了自己的意志，并且永远也体会不到胜利后的喜悦。

一份适合自己的工作，能不断提升自我，挖掘自身的潜力。除了兴趣之外，还要考虑到个人是否具备基本的职业素质，比如你的性格是否与工作相匹配，是否有相应的工作能力等。要想成功，你的职业就必须符合你的性格和兴趣，只有这三者处于和谐的状态时，你才有可能实现自己的目标。

年轻的舒敏是个开朗活泼、打扮入时的女孩，工作三年却换了不止三份工作。她觉得每份工作都不是自己想要的，同时也对自己的未来充满了焦虑。

在大学选专业的时候，父母认为女孩子就应该找个轻松、稳定的工作，加上她自己成绩平平，所以舒敏依照父母的意愿选择了文秘。毕业后，她找了一份文秘工作，但每天的工作都是重复的，接听电话、管理办公用品、定会议室等，她发现自己对这份工作丝毫没有兴趣。繁杂的工作既唤不起她的热情，也没有成就感。因此不到三个月，她就辞职了。

　　随后，舒敏到一个商贸公司做经理助理。她原以为这份工作会更商业化、更有挑战性，但没想到，做了几个月，感觉和第一份工作性质差不多，这让她对自身能力产生了质疑、对前途失去了信心。舒敏的理想是找一个能体现个人价值、并值得自己努力奋斗的工作，但现在却南辕北辙。她很羡慕周围那些为了工作废寝忘食、不断取得成就的朋友。

　　在换了几份工作后，有一个长辈建议她彻底丢掉专业，转换工作岗位，因为她性格外向，善于和人打交道，而且好胜心较强。于是，舒敏去应聘销售工作，因为销售工作很锻炼人，不仅能让她体会到竞争胜利后的成就感，还能磨炼她的意志，让她更好地成长。

　　经过努力，她终于在一家营销企业做起了销售代表。她开始积累自己的客户资源，在竞争中，她也被迫学到了很多东西，虽然压力很大，有时也很辛苦，但对成功的期待使舒敏越干越起劲。特别是每当拿到公司奖励的红包时，心里都有一种说不出的喜悦感。她善于交际，加上做事有魄力，很快就升为产品区域经理，这种成就是她以前从未想过的。

　　在工作中，兴趣能带给我们巨大的满足感和强大的原动力。对于自己感兴趣的事情或者适合自己的工作，我们做起来通常会很卖力，即使会很辛苦，也绝对心甘情愿地付出；而对于那些自己不喜欢做的事情，即使给予的回报再高，我们也不会有多大的工作热情。

　　女孩工作上的兴趣一旦被激发，愉快的情绪和主动的意志便会伴随着她们去努力，去积极地对待身边的一切；相反，如果女孩整天都带着抵触的情绪去从事自己的工作，那她们永远也做不出任何成绩。

　　因此，<u>兴趣在女孩一生的事业上具有无可替代的促进作用</u>。假如你选择了自己不喜欢的工作，就等于在拿自己的弱点、缺陷去跟别人竞争。这样做的结果是，你的意志力和热情都会在完全不适合的工作中消失殆尽；你会半途而废、丧失自信，会因为不感兴趣而没办法取得好成绩；长此以往，会给自己的心理造成很多负面影响，最终使自己丧失斗志，士气低落。而这一切，都是因为你没有对自己准确定位、最终的选

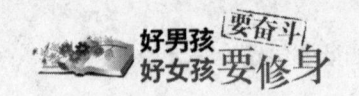

择不合适导致的。

　　总的来说，在相对适宜的职业环境中，女孩可以充分施展自己的技能和智慧，表达自己的态度和价值观，并且能够完成那些令自己愉快的使命。

　　如果你已经开始厌倦自己的工作，或是从一开始就不喜欢这份工作，那么不妨想一想，这份工作是否适合你，是否需要换一份工作？要知道，事业和爱情一样，光鲜的表面只不过是给外人看的，适不适合自己才是最重要的！

选友预示着未来

一个名人说过这样的话："如果要求我说一些对青年有益的话，那么，我就要求你时常与比你优秀的人一起行动，就学问而言或就人生而言，这是最有益的。"许多优秀的人身上都有值得参考和学习的地方，当你与这样的人接触久了，你就会发现自己在不知不觉中也具备了许多优秀的素质。只有跟比自己更优秀的人在一起，才能让自己变得更强，更优秀，这不是庸俗，而是你努力向上的力量。

曾经有人认为，保罗·艾伦是个"一不留神成了亿万富翁"的人。其实，这是一种误解，真正的原因是他年轻时就与盖茨在一起，他们志趣相投，一起干事业。当初他们将一家名为微软的计算机软件开发公司在波士顿注册，总裁比尔·盖茨，副总裁保罗·艾伦，从此奠定了自己的未来。

现在微软公司已经成为世界上的一个巨无霸，前总裁比尔·盖茨曾是无人不知、无人不晓的世界首富。而副总裁在他的巨大光环下，尽管有些暗淡，可在《福布斯》富豪榜上也曾名列前5位，个人资产达210亿美元。不得不说，女孩现在结交的朋友，也一样是她们的未来。

古人云："近朱者赤，近墨者黑"，这个道理古今贯通。记得牛津大学的格林伍德教授寄言青年朋友："你宁可独自一人，没有朋友，也千万不可与那些庸俗卑劣的人为伍。"这个道理对男人来说至关重要，对女孩亦然。

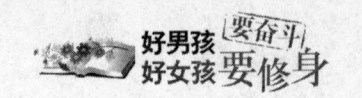

不可否认，选择朋友对女孩的一生有着深远的影响，"染于苍则苍，染于黄则黄"。如果你有一个爱吹牛的朋友，长期和他在一起，你就会慢慢沾上这种不求实际的习气，说话云天雾地、夸夸其谈；交了不学无术的朋友，你也会慢慢丧失斗志，安于现状，不思进取；而倘若选择与德高品洁者为友，你的灵魂将会得到净化；倘若选择与正直博才者为友，你的精神将会得以升华；倘若选择与情操高尚者为友，你的心灵会洒满阳光。

朋友之间，无论志趣上、品德上，还是事业上，总是免不了互相影响的。从这个意义上讲，**女孩选择能让自己不断向上的朋友也就是选择了一种积极向上的人生**。

白居易晚年仕途不济，在洛阳当闲官，这让有一腔抱负的他产生了很严重的消极情绪，整日无所事事。他写了一首诗给他的好朋友刘禹锡，诗中充满了消极思想及无为情绪。刘禹锡本人非常积极，看到朋友如此消沉，便立即和诗一首，回赠白居易，诗中充满了对老朋友的鼓励和鞭策。刘禹锡昂扬奋发、不甘消沉的精神之于白居易低落消极的情绪，不啻为一剂良药。

此后，白居易便开始振作。当刘禹锡去世的时候，白居易写诗哭刘禹锡说："杯酒英雄君与操，文章微婉我知丘。贤豪虽殁精灵在，应共微之地下游。"以此称颂刘禹锡人虽死了而精神长存，可见刘禹锡对白居易的影响之大。

选择什么样的朋友，就等于选择了什么样的未来。犹太经典《塔木德》中有一句话："和狼生活在一起，你只能学会嗥叫。"和那些优秀的人接触，你才会受到良好的影响，耳濡目染，潜移默化，成为一个优秀的人。

作为女孩，如果从事的行业不属于社交广泛的那一类，那么你的朋友圈基本已经定型了。不妨抓紧时间把身边的朋友分分类，留下那些对你有益的，疏远那些可能给你带来不良影响的。同时，还要在未来交朋友的过程中，有意识地去结交那些优秀的人，这样你的人生才会拥有更多的好运。

第五卷：懂得成功的魅力男性

奋斗是一种必须，成功不来自于偶然，懂得自己，了解自身的优与劣。打开自己的心怀，去吸收每一分成功的因素，做一个懂得成功的魅力男性。

天才的优秀在于恒心

很多伟大成就都是一些普通人经过不懈努力取得的。日复一日的平凡生活尽管有种种牵挂、责任和义务，但却能为男孩们提供各种最有价值的人生经验。对那些勇于开拓的男孩来说，生活总会给他们提供足够努力的机会和不断前进的空间。人类的幸福之路就在于沿着前辈留下的道路奋进。那些持之以恒、忘我工作的男孩往往最能成功。虽然必须面临的问题仍旧是枯燥、繁杂和永无止境的忙碌，没有太多的闲情逸致，不记得有多久没有好好的坐下来翻过一本杂志。但是以上种种总也是不经意间对意志力的考验。偷得浮生半日闲是忙碌过后的充实与窃喜，窃喜自己没有光阴虚度，没有挥霍青春，没有因为自己的懒惰而轻易放走机遇。在经历了种种的寂寞的奋斗与劳苦之后，能够给自己一点空隙，使得恒心与坚持得到了安抚和奖励，这比之意志力坍塌之后的盲目放纵，要更来得珍贵，要更富有智慧，也是一个成功人士必备的优秀品质。

很多男孩总责怪命运的盲目，其实命运本身却不像人们想象中那样不可捉摸。洞察生活的男孩都知道：命运总是站在勤奋一边，正如大风大浪总站在最好的海员一边那样。对人类求知的历史表明，一些普普通通的意志品质，比如公共意识、注意力、专心致志和持之以恒的精神等，在人们成就事业中最为有用。天资相对这些反倒显得可有可无，

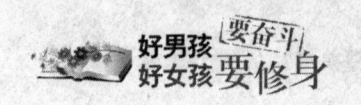

连那些绝世天才也不敢轻视上述这些品质的巨大作用。事实上，这些人相信的是智慧和毅力，而不是什么天才。甚至有人把天才定义为仅仅是公共意识的精华或浓缩。一位杰出的教师兼大学校长说：天才就是不断努力的力量。约翰·福斯特认为，天才就是点燃自己智慧之火的力量。布丰则说：天才就是耐心。

毫无疑问，牛顿是世界一流的科学家，而当有人问他究竟通过什么方法取得这些非凡的发现时，他诚实地回答说：总是思考它们。牛顿曾这样描述他的研究方法：我总把研究课题放在心上，反复思考，慢慢地，由最初的第一缕曙光直到豁然开朗。和其他名人一样，牛顿的盛誉也是靠勤奋、专注和毅力获得的。一项又一项的研究就是他的娱乐和休息。牛顿曾对本特利博士说：如果说我为公众做了点什么的话，那要归功于勤奋和善于思考。另一位伟大的哲学家开普勒也曾说：前人说，学习而不深思就会使人迷惑，对此我深有体会。对所研究的东西勤于思考才会逐渐深入，我常常如此，直到全身心投入其中。

如果单靠勤奋和毅力就能取得非凡的成就，那么天才是否真的存在呢？伏尔泰认为，天才与常人只有一步之遥。贝克莱认为所有人都可能成为诗人和雄辩家。热罗德斯则相信每个人都能成为画家和雕刻家。洛克、海尔特斯和狄德罗认为，每个人都具有相等的天赋，只要在所从事的工作中善于总结和运用智慧的法则，就能超越一般，成为天才。然而，即使我们完全相信勤劳所创造的奇迹，也完全承认那些取得杰出成就的人都是意志坚强、持之以恒的人，我们也很明显地明白，如果没有超人的天赋，不论怎样勤奋和发挥个人智慧，也不会成为莎士比亚、牛顿或者贝多芬。

化学家道尔顿就不承认自己是什么天才。他把自己所取得的一切成就都归功于勤奋和积累。约翰·亨特曾自我评价说：我的内心就像一个蜂巢，不是一片混沌、杂乱无章，而是规整有序，每一点食物都是采自大自然的精华。只要翻一翻伟人的传记，我们就会发现，那些杰出的发明家、艺术家、思想家和能工巧匠在很大程度上把他们的成功归功于持续恒久的努力和专注。他们都是珍惜生命、惜时如金之人。要成功就必须精通自己的专业，要掌握它，必须通过持之以恒的倾心钻研。因此，不是那些天才，而是那些资质平平却异常勤奋、不知疲倦的人推动了世界的进步；不是那些天资卓越、才华横溢的人，而是那些兢兢业业、埋头苦干的人改变了我们的生活。

缺乏毅力和恒心，天才也会泯然众人矣。正如意大利谚语说的：**走得慢但有耐力的人才能走得更长更远**。因此，培养良好的工作品质很关键。没有这种品质，连最简单的技术工作也会变得困难。一旦养成良好的工作品质，任何任务都会变得相对简单，也就是通常所说的熟能生巧，业精于勤。即使对最普通的事情来说，不懈努力所产生的效果也是十分惊人的。拉小提琴似乎是件简单的事，然而要达到炉火纯青的境界，又得需要多么长时间的反复练习呀！当一个年轻人问卡笛尼学拉小提琴需要多长时间时，卡笛尼从容地说：每天 12 小时，连续 12 年。

男孩们不要急着评判自己是不是天才，更不要为了一时的忍耐而沾沾自喜。天才与凡人的区别还有更重要的一点是真正的天才永远不觉得自己是个天才。当他听到天才这样的评语的时候，八成要苦笑，因为简直会误会"天才"一词是千百次失败后才得到的成功、千万次重复之后才能够做得比别人好、甚至于日久天长濒于崩溃的最后一点坚持才得来的珍贵的希望的代名词。这听上去简直让人匪夷所思。或者也的确是这样，这样的天才让人觉得一点也不意外。这原来就是天才的惊人之处。

天赋就要摆出来炫耀

天赋是上天赐予我们的礼物，是我们与生俱来的优势。时下流行发掘个人潜能，就是通过外在和内在的结合，发现自己的长处，发挥自己的优势，步入成功的殿堂。

二十几岁的人，个个心怀梦想，满腔豪情，但在现实生活的压力下，常常不得不从事自己不喜欢的工作，以求谋生：小时候梦想要做教师的，怎么现在成了商人？从前一直跟同学说喜欢弹钢琴，怎么现在从事行政工作了？父母从小培养自己学画画，为何总是觉得做个图书管理员更适合自己？一直想成为歌唱家，现在却不得不子承父业做起商人……诸如此类的事情，一直困扰着我们。但是在困扰之中，又找不出更好的办法，所以只好日复一日地做着手头的事，用羡慕的眼光看着那些为梦想而奔波的人，心里充满了无奈。

看青海卫视的选秀节目《花儿朵朵》，其中有个女孩在唱了歌之后，被评委点评为：真的不适合唱歌。那女孩下来满腹委屈：我相信，明天的明天，我一定会让所有人都看到，我是适合唱歌的，我会一直唱下去。我为她的精神和梦想鼓掌，可是到底是不是适合唱歌，则需时日去验证。有很多人，唱了一辈子歌，还是成绩平平，甚至连出场的机会都不多；而在这方面天赋杰出的人，有可能一首歌就红遍大江南北。

当然，一个人即使有天赋，如果没有合适的机遇，也只能感叹生不逢时。但是，如果不知道运用自己的天赋，发挥自己的特长，就有可能一生都生活在对梦想的期盼里。

常常有年轻男孩抱怨说：唉，不知道做什么好，也就什么都做不好。踏入社会好几年了，当初为了找个工资高的单位，不顾一切地往里头挤，结果却发现自己什么也不是，甚至很讨厌这样的工作。却又碍于面子与现实生活的压力，甩不开手，现在的状态就是过一天是一天，什么梦想啊，希望啊，统统丢到九霄云外去了。

拥有这种心态是很正常的，很多人都是迫于现实生活的重负，不得不将自己的天赋长埋地下，只有在夜深人静的时候，偶尔对着从前遥不可及的梦想感叹几声，想着当初要是选择了自己喜欢做的事，也许现在会更快乐一些。

所以，刚刚步入职场的二十几岁的男孩，很有必要找准自己的方向，选择自己擅长和喜爱的事情去做。"干一持，爱一行"70年代以前强调这样做。不喜欢干的，时间长了，熟悉了，也就喜欢了。战争年代，很多年轻人投身革命，根据党的需要安排工作，有的学中文的，学历史的成了经济学家。新中国成立后，大学毕业生分配工作也有很多人的专业不对口，对工作不感兴趣，但只要安于本职工作，钻进去，几十年下来，多数都有所成就。个别人学中文，被迫去和渔民打鱼，结果成了海洋学家，中国科学院院士。现在条件不同了，个人选择的余地大了，但也难以令如人意。有条件选择自己感兴趣的工作固然好，如果没条件，还是做好眼前工作为妥。任何工作都有展现自己聪明才智的空间，许振超等人就是范例。**自己真正热爱的事情，是从来不会抱怨的，只会想着如何把那件事情做好，做得更好。**

所以，才二十几岁的男孩，更要学习静下心来，慢慢地在自己擅长的领域耕耘自己的梦想。一分耕耘，一分收获，如果连做都不去做，永远就只能有梦想和希望。如果都懒得去发现自己的优势，更不会将这种优势和自己的热情结合起来，那么再伟大的梦想，也只是昙花一现的想法。

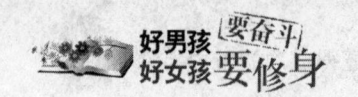

*去做你擅长的、喜爱的事，并且为之终生奋斗不息。*因为，年轻的时候，如果不去寻找自己的路，不去经历，不去努力进取，梦想的路终究会被杂草所掩盖。将自己的天赋长埋地下，是没法让梦想开花结果的。

　　路，走了才会有；门，敲了才会开。

胜己方能胜天

男孩们在走出校门,初临社会的时期,都会碰到这样或那样的不平。总会有一种接触社会,感觉自己二十年前所受的教育和思想竟然无法存在这个世界一般。一般情况下,男孩们或多或少都会郁闷、愤怒、痛苦、惆怅。但负面情绪过后,总是要试着解决问题,再次去回到这个现实的社会中力求生存的。

那么首先,静下心来给自己找个定位,先想清楚自己究竟是怎么想的,想要干什么,最后达到怎样的效果或者希望是怎样的结果。学着改变自己的心态,任何事情由自己做决定,而且必须自己想做,自己主动才是关键。我们都拥有自己的价值观,学过很多有用的东西,但是这些有用的东西并不在于听过它,听得多,而是听懂它,并实践它。

你要给自己找个目标,没目标的话要想目标,想到了就要咬目标,没有目标就没有动力,一个没有目标的人只会为了兴趣做,而不会为了价值做,做事要有效率,首先要有目标。不管是学习,工作,还是爱情,都会有你所期待的结果,或者你目前还没有去认真的想,那就给自己几天时间,认真反复的思考,你要记住,想要什么样的生活,就必须透过什么样的途径去实现,一步一个脚印的。并且不动摇不懈怠,不要因为别人说什么或者有什么看法,就开始动摇,那些意见看法或许都是为你好才提的,但是你记住,那只是从他们的思维以及角度出

发思考的，每个人经历的事，思维方式，接受的教育都是不同的，叶子还没有两片一模一样的，所以人跟人的想法以及价值观是不同的，有不同所以有差异，因为有差异所以这个世界才很丰富。当然前提是你做的事情定的目标是切实可行的，并且是以自己真正的价值观考虑的。

这个目标不能不切实际，当然也不能很容易办到，有梦想就有动力，难实现的目标才能称之为梦想，有目标就没有轻松可言，长时间消耗才是最大成本的浪费。既然目标定下了，决心也就跟着定下了，一定要提前做好准备，不要抱侥幸心理，不能有投机取巧的心思，世界是很公平的，做事情不靠能力靠潜力，靠生活的那种潜力，谁都可以放弃，只有自己不能放弃自己，关键是要明白，不明白的话要搞清楚为什么去做。

如果决定了就努力去做吧，目标实现那一瞬间，你会知道你所做的一切都是值得的。

山上有灯，灯下有人，就一定有上山的路。

二十岁的男孩还对世界一无所知，那是最恐怖的事情。记得有一句老话是"除掉不可能的，剩下的即使再不可能，那也是真相。"很多时候，一切问题的根源就在于我们拒绝接受真相。主动了解世界的定律，我们才有力量避免现实带来的伤害。不要埋怨先天的不足，不要悔恨后天的缺陷，因为这一切都不能改变。走过的历程已是历史，走进的将会是明天，走出曾经的欢乐与伤悲，才能回到繁杂的现实，尊重现实，改变自己，今天我们将重新上路。不管未来如何，抓紧现在是我们唯一的选择，抓住明天是我们能补救的唯一措施，这样我们的生活才不会太失光泽。

男孩们要明白一句话——三十岁之前莫害怕，三十岁之后莫后悔。 二十几岁的男孩，如果工作了几年，你还没有被猎头公司找过，如果每次辞职公司都不怎么挽留，如果你总是认为公司对不住你，那么，你就该好好反省了。或许，在你抱着"怀才不遇"的心情时，你已经是公司淘汰的目标了。钢铁大王安德鲁·卡内基说："随着年龄的增长，我越来越不看重人们的言语，我只看他们的行动。"其实，我们所谓的命运或"八字"，只是心理倾向的另一个名称而已。关键在于你怎么认识自己。英语有句激励人的话是说："If you think you can, you can。"成功的前提是，你自己得认清自己，相信自己。你要明白，很多时候，我们之所以一直止步不前，原因就在于我们一直走不出自己心中的那个我，那个自卑的我，那个懦弱的我，那个绝望的我，那个悲观宿命的我……很多时候，最大的敌人不是别人不是这个世界，而是你自己。**要明白，当你拥有一颗坚强之心，那么你就是能战胜自己的人，从而有能力战胜整个世界！**

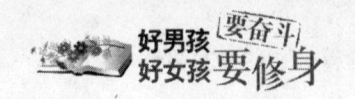

男孩应懂得取舍之道

人生有得就有失，得就是失，失就是得，所以人生最高的境界应该是无得无失。但是男孩们都是患得患失，未得患得，既得患失，而明智的做法是要学会放弃。**放弃是一种境界，只有敢于放弃，才能更好地选择。**

第二次世界大战的硝烟刚刚散尽时，以美英法为首的战胜国首脑们几经磋商，决定在美国纽约成立一个协调处理世界事务的联合国。一切准备就绪之后，大家才发现，这个全球至高无上、最权威的世界性组织，竟没有自己的立足之地。

买一块地皮？刚刚成立的联合国机构还身无分文。让世界各国筹资？牌子刚刚挂起，就要向世界各国搞经济摊派，负面影响太大。况且刚刚经历了第二次世界大战的浩劫，各国政府都财库空虚，许多国家财政赤字居高不下，在寸土寸金的纽约筹资买下一块地皮，并不是一件容易的事情。联合国对此一筹莫展。

听到这一消息后，美国著名的财团洛克菲勒家族经商议，果断出资870万美元，在纽约买下一块地皮，并将这块地皮无条件地赠予了这个刚刚挂牌的国际性组织——联合国。同时，洛克菲勒家族亦将毗连这块地皮的大面积地皮全部买下。

对洛克菲勒家族的这一出人意料之举，当时许多美国大财团都吃惊

不已。870万美元，对于战后经济萎靡的美国和全世界来说，都是一笔不小的数目，而洛克菲勒家族却将它拱手赠出，并且什么条件也没有。这条消息传出后，美国许多财团主和地产商都纷纷嘲笑说："这简直是蠢人之举!"并纷纷断言："这样经营不要10年，著名的洛克菲勒家族财团便会沦落为著名的洛克菲勒家族贫民集团!"

但出人意料的是，联合国大楼刚刚建成完工，毗邻地皮的地价便立刻飙升起来，相当于捐赠款数十倍、近百倍的巨额财富源源不尽地涌进了洛克菲勒家族财团。这种结局，令那些曾经讥讽和嘲笑过洛克菲勒家族捐赠之举的财团和商人们目瞪口呆。

在人生紧要处，在决定前途和命运的关键时刻，男孩们不能犹豫不决，而必须明于决断，敢于放弃。洛克菲勒家族敢于放弃部分，所以赢得了滚滚财源。

在人生的一些关口，我们的生命中会长出一些杂草，侵蚀我们美丽丰富的人生花园，搞乱我们幸福家园的田地，因此我们要学会将这些杂草铲除。放弃不适合自己的职业，放弃异化扭曲自己的职位，放弃暴露你的弱点、缺陷的环境和工作，放弃实权虚名，放弃人事的纷争，放弃变了味的友谊，放弃失败的爱情，放弃破裂的婚姻，放弃没有意义的交际应酬，放弃坏的情绪，放弃偏见恶习，放弃不必要的忙碌压力……这样我们才能更好地选择生活。

有一个聪明的年轻人，很想在所有方面都比他身边的人强。可是，许多年过去了，他的学业丝毫不见有长进。他很苦恼，就去向一个大师求教。

大师说："我们登山吧，到山顶你就知道该如何做了。"

那山上有许多晶莹的小石头，煞是迷人。每次见到喜欢的石头，大师就让他装进袋子里背着，很快他就吃不消了。"大师，再背，别说到山顶了，恐怕连动也不能动了。"他疑惑地望着大师。"是呀，那该怎么办呢?"大师微微一笑："该放下了，不放下，背着石头怎能登山呢?"大师笑了。

年轻人一愣，忽觉心中一亮，向大师道了谢走了。之后，他一心做学问，最终成为一名大学问家。

其实，男孩们自己要想选择更好的，就必须要有所放弃，只有学会放弃，才有可能登上人生的高峰。

所以，作为男孩的你，不要再为一些本不属于你的东西而煞费苦心，你一定要敢于放弃，勇于舍弃一些对自己没用的东西，这样你才能为你自己选择更好的路，走向成功。

成功常在绝望处的坚持

俗话说：勤奋是金。然而，千里之行，始于足下，任何进步都非一朝一夕之功，所有伟大的业绩都不可能一蹴而就。德迈斯特说过：**成功的秘密在于知道怎样等待**。没有播种就没有收获，往往必须耐心地、满怀希望地长时间等待，才能尝到最甜的果子。东方也有一句格言用来形容织锦的漫长过程："时间和耐心能把桑叶变成云霞般美丽。"

但是，耐心等待需要人们能愉快地工作，因为苦闷的工作往往让人难以承受压力。愉快是工作的一种优秀品质，它为人们的性格赋予巨大的弹性，正如一位基督教主教所说："脾气是基督徒的精髓。"所以，愉快和勤奋是智慧的精华。他们是成功的生命和灵魂，同时也是幸福之源。**也许人生的最大快乐就在于有目的地、风风火火地工作，人们的活力、信心和其他种种优秀品质都建立在这种快乐之上。**

塞迪·史密斯以前是约克郡弗士顿勒克区的一个牧师，尽管他觉得工作并不合适，但还是很愉快地干了起来，并决心尽心尽力去做好。他说："我已下决心喜欢这份工作，我要适应它，这比凌驾其上，不时埋怨，认为这种工作无聊透顶，尽说废话的做法，更有男人气概。"霍克博士每当去从事一项新工作时，他总是说："无论我在哪儿，我都以上帝的名义发誓，我会用自己的双手努力去工作；如果我找不到一份工作，那么我会自己创造一份。"

为大众谋福利的人，常常因为不能收到立竿见影的效果而闷闷不乐，他们往往需要更大的耐心和等待。他们播下的种子有时会深埋于寒冬积雪之下，也许春天还未来临，冬雪还没融化，那些辛勤播种的人就已长眠于地下。并非每个从事社会公益事业的人都像罗兰·希尔那样，能在自己的有生之年，看到伟大的思想开花结果。这种等待虽然漫长而残酷，但却是不可缺少的。亚当·斯密在古老而又黑暗的格拉斯哥大学播下了许多伟大的社会改良的种子，他在那儿精心耕耘多年，奠定了《国富论》写作的基础。然而70多年过去以后，他才收获到实质性的成果，而且事实上，这种成果在当时还未得到全面认可。

对于男孩来说，希望的破灭几乎会完全改变他们的性格。"我怎样工作？我如何幸福？"一位可敬而又可怜的思想家说，"我的希望和事业已经全部毁灭了。"卡瑞是最快乐、最有勇气、最有希望的传教士之一。他是个鞋匠的儿子，韦德和马塞姆是他的助手，韦德是木匠的儿子，马塞姆是织布工人的儿子。他们经过努力，在塞尔姆波建起了一所富丽堂皇的神学院，16个分站也建了起来。他们还把《圣经》翻译成了16种文字。卡瑞从不为自己的出身感到羞愧。一次，在总督的桌边，他听到对面坐着的一个官员大声向另外一个打听卡瑞是否曾经是鞋匠。"没错，先生，"卡瑞立即说道，"我以前就是一个鞋匠。"反映卡瑞小时候倔强性格的轶事，更是众所周知的。有一次，他爬树不慎跌到地上摔断了腿，因此不得不在床上休养数周，等到刚刚康复，能自己走动时，他所做的第一件事就是再去爬那棵树。卡瑞具有作为一名伟大传教士所必需的大无畏的精神，他做事雷厉风行，决不退缩。

许多杰出发明家的一生也是这种持之以恒、不屈不挠的品质的最好缩影。在给年轻人演讲时，乔治·史蒂芬逊就经常把自己的建议总结成一句话："不达目的誓不罢休。"他花了15年时间改进火车头，最后在莱希尔取得了决定性成果。瓦特发明蒸汽机则用了整整30年时间。大大小小的成就都是建立在誓不罢休的恒心与意志力之上，要想让成功成为必然而不是偶然，就要做好和失败展开持久战的准备，这需要十足的耐心和惊人的毅力。这不是一件不能企及的困难重重的事情。我们身边很多人都具备这样的美德，只是有些被宣传了，因此而众人皆知，有些人在默默无闻的努力和奋斗，但无论是哪种人，可贵的耐心和毅力必将成为他们已经成功的事业上重要的基石，和即将成功的事业过程中不可或缺的能量储备。

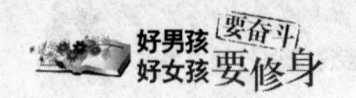

必胜的信念里诞生奇迹

有一个村庄遭遇一场百年不遇的干旱，庄稼就要枯死，人们陷入绝望。

为寻求解决办法，村长召集全村人开会，但大家都束手无策。

这时，一个小女孩站出来说："我们为什么不向上帝祈求降雨呢？"

大家听后，觉得没有更好的办法只能如此。

第二天，全村村民都来到教堂进行祈祷，他们虔诚地表示：大家都相信上帝的仁爱，上帝一定会赐雨下来拯救全体村民。

当祈祷刚刚结束，大雨倾盆而下。

大家都高兴得欢呼起来，而后，大家突然想到，他们怎样回家才不会被淋湿呢？他们都没带伞。这时，提出祈雨建议的那个小女孩走出人群，打开手中的伞走进雨中——她是唯一一个深信她的祷告会有应验并且为此有所准备的人。

故事也许就是故事，但它从侧面告诉人们：<u>相信你所做的，成功在等着你。</u>

正如美国成功学大师斯蒂芬·柯维所说："成功，也许比你想象的要简单，因为，我发现那些成功的人们，诸如企业家、运动员、政界名流等，他们和其他人之间有着一条明显的界线，我称其为成功者的边缘。这个边缘并非高智商或是天赐的机遇，而是一种态度。"

坚定的信念，认真的态度，坚韧的精神，成就了无数成功者。

不去做，你就永远对自己的资源缺乏信心，也就永远无法开发其巨大的潜在价值。更多的例子都在告诉我们：如果你想成功，关键是你是否抱着一个成功的态度去做了。

《人的思想》一书的作者詹姆斯·爱若在书中写道："一个人所能得到的，正是他们思想的直接结果。"无独有偶，爱默生也说道："一个人就是他整天所想的那些。"

男孩，你的内心决定了你的生活、境遇、财富与地位。一个悲观失望，犹豫不决，畏缩不前的人永远不会成功。只有对自己所做的事保持必胜的信念的人才能到达成功的彼岸。

一艘货轮在烟波浩淼的大西洋上行驶。一个在船尾搞勤杂的黑人小孩不慎掉进了波涛滚滚的大西洋。孩子大喊救命，无奈风大浪急，船上的人谁也没有听见，他眼睁睁地看着货轮托着浪花越来越远……

求生的本能使孩子在冷冰的水里拼命地游，他用全身的力气挥动着瘦小的双臂，努力使头伸出水面，睁大眼睛盯着轮船远去的方向。

船越来越远，船身越来越小，到后来，什么都看不见了，只剩下一望无际的汪洋。孩子力气也快用完了，实在游不动了，他觉得自己要沉下去了。放弃吧！他对自己说。这时候，他想起了老船长那张慈祥的脸和友善的眼神。不，船长知道我掉进海里后，一定会来救我的！想到这里，孩子鼓足勇气用生命的最后力量又朝前游去……

船长终于发现那黑人孩子失踪了，当他断定孩子是掉进海里后，下令返航，回去找。这时，有人规劝："这么长时间了，就是没有被淹死，也让鲨鱼吃了……"船长犹豫了一下，还是决定回去找。又有人说："为一个黑奴孩子，值得吗？"船长大喝一声："住嘴！"

终于，在那孩子就要沉下去的最后一刻，船长赶到了，救起了孩子。

当孩子苏醒过来之后，跪在地上感谢船长的救命之恩时，船长扶起孩子问："孩子，你怎么能坚持这么长时间？"

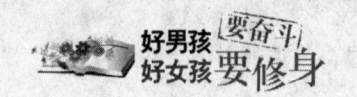

孩子回答:"我知道你会来救我的,一定会的!"

"怎么知道我一定会来救你的?"

"因为我知道您是那样的人!"

男孩的心理具有某种神秘的力量,在成功的道路上,只要你始终抱持着必胜的信念,一切难题都将迎刃而解。

帝王蛾男儿

一个男孩的成长历程就像帝王蛾破茧而出的过程，必须经过痛苦的磨砺和拼搏。男孩在生活的磨炼中积累必要的生活经验，这样才能生出飞翔的翅膀。

有一种"帝王蛾"，拥有一对长达几十厘米的双翼，但它从幼虫蜕变时，必须拼尽全力，才能从一个狭小的洞口破茧而出，很多幼虫在往外冲刺时力竭身亡。有人为了帮助幼虫，把它的洞口剪得大一些，茧中的幼虫不用费很大力气，就钻了出来。但是，它们却无论如何也飞不起来，只能拖着无力飞翔的双翅在地上笨拙地爬行。原来，那"鬼门关"般的狭小茧洞恰是帮助帝王蛾幼虫两翼成长的关键所在。穿越时刻，通过用力的挤压，血液才能顺利送到蛾翼的组织中去，唯有两翼充血，帝王蛾才能振翅飞翔。人为地将茧洞剪大，蛾子就失去了破茧冲刺的阶段，它的翅膀也就失去了充血的机会，生出来的帝王蛾便永远与飞翔无缘。

泰戈尔说："**只有经历地狱般的磨炼，才能炼出创造天堂的力量；只有流过血的手指，才能弹出世间的绝唱。**"同帝王蛾一样，在人生的路上，没有人能代替我们成长。许多父母希望为孩子设计一条阳光大道，希望孩子能少受些磨难，顺利成长，然而，结果常常背道而驰，父母的希望最终掩埋在无尽的失望和痛苦茫然中。电视、报纸上连篇累牍

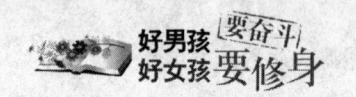

地报道，大学生上学父母陪读，人才招聘会上父母陪伴的现象，都是因为父母的善意，好比人为地帮助帝王蛾破茧，助飞的初衷却造成了失去飞翔的后果。

在美国，有一个大学生，每逢学校过礼拜或放假，他都要到父亲的工厂去上班。他用打工的工资来偿还父母给他垫付的学费、伙食开支。在工厂里，他和所有工人一样排队打卡上下班，月底凭车间给他评定的质量分和完成工作的情况结算工资。有一次，因为公车晚点，他迟到了两分钟，当月的奖金就被扣除了一半。

等他终于大学毕业，认为自己可以接管父亲的公司时，父亲不但没有让他接管公司，反而对他更加苛刻。他想不明白，父亲是公司的董事长，家里也不缺钱花，经常还要捐款给福利院，为什么就舍不得多给他一分钱，就连生活费也得定期向父亲索要。后来，他被父亲逼出了家门，他感觉自己肯定不是父亲的亲生儿子，要不然怎么会如此对待他？于是，他自己去另谋生路。

他想去银行贷款做生意，可是父亲坚决不给他担保，因此，他无法从银行贷到一分钱。他只好去给别人打工，但是，因为复杂的人际关系，他被人挤出了小公司。失业后，他用打工积累的一点资金开了一家小店，小店生意不错，他又开了家小公司，小公司慢慢地变成了大公司。令人痛心的是，公司因为经营管理不善倒闭了。

他想过跳楼，但是他不甘心就这样离开人世。他认真思索着过去，思索父亲为什么冷酷，思索自己在打工和经商中为什么屡遭惨败，在思索中他总结了失败的教训。他没有灰心丧气，决心咬紧牙关，挺起胸膛，从头再来。

就在他振作精神准备再干一番时，父亲找到他，张开双臂紧紧拥抱他，并决定让他接管自己的公司。对于父亲的决定他十分不解，他问道："我现在是个一无所有甚至是个失败的人，你为什么还要我接管你的公司呢？"父亲说："不，孩子，你虽然跟前几年一样，依然没有钱，但你有了一段可贵的经历，这段经历对你来说是一场艰苦的磨炼，然而它却是可贵的。如果我前几年就将公司交给你，你很难把公司经营管理好，也可能迟早会失去公司，最终变得一无所有。可是，现在你拥有了这段经历，你会珍惜它，而且会把公司管好，还会让它不断发展壮大。孩子，无论干什么事情，不经受一番磨炼是干不好的。"

果然，他不负父亲的期望，把规模不大的公司发展成了一家让全球瞩目的大公司。

这个大学生的经历说明，经历苦难、经历磨炼对于一个男孩的成长有多重要。它让人积累了经验，增强了毅力，也让男孩更懂得热爱和珍惜自己的事业和生活，更懂得如何做人与处世，更懂得如何做好、做大、做强自己的事业。可见，<u>对于男孩来说，多经历一些苦难和磨炼不仅不是坏事，还是最难能可贵的</u>。

人生旅途中不可能一帆风顺，常常遇到很多意想不到的困难和挫折。艰难险阻是对男孩意志的磨炼和考验，遭遇困难和挫折时，勇敢地面对，从挫折中吸取教训，就会脱颖而出，最终成为一个成功者。

第六卷：完美女人味

女孩可以不漂亮，但不能没有味道；女孩可以宽容，但不能粗糙；女孩要母性，但不能絮絮叨叨；女孩可以没有高学历，但不能没有知识；女孩可以没有金钱，但不能没有自尊；女孩可以没有力气，但不能没有善良；女孩可以没有权威，但不能没有道德修养；只有懂得不断修正完善自己的女孩，才能优雅地变老。

成长的快乐

当你还像 S.H.E 那样纠缠在《不想长大》的挣扎和烦躁中时,其实你已经长大了,正因为意识到这件事情的不可遏制和难以逃避,所以你才会如此的痛苦和排斥。面对长大这个不争的事实,女孩们的彷徨、不安和烦躁是无以复加又无可言表的。尤其是在心理年龄和身体年龄严重脱节的时代,要真正扛起责任,承认自己真的已经长大甚至变老其实并不容易。更让人无奈的是,尽管一方面不想长大,一方面又不得不辛苦地装大人。

保持骨感、假装成熟、应付工作压力、初入社交场合、换男朋友甚至结婚生子。女孩们希望用行动证明自己的成长,证明自己的魅力和价值。然而尽管表面上是一副骄傲自信、冷静淡定甚至老气横秋的做派,其实内心敏感、脆弱、无助得很。即使用"色厉内荏"来归纳也不算过分,说白了就是一个成熟的漂亮外壳,里面还嫩着呢!

其实对于女孩而言,成长并不是一件坏事。真正的成长是接受现实而不是排斥现实,是顺其自然而不是负隅顽抗,是内心平和而不是表面平静,是爱别人而不是要人爱,是"爱我"而不是"自我"。

女孩不成熟,大部分的原因都是把"自我"看得太重了,无论做什么都不自觉先把"我"放在了最前面,"我"能得到什么,"我"会有什么损失,"我"是不是完美,"我"别人眼里看起来怎么样,"我"在别人心里占有什么样的位置。看似很多都是在为别人而活，其实是放不下自己在别人心目中的地位。太多的"我"将"自我"重重禁锢，所有的想法和做法都围绕着"我"来进行，想不偏执也难。而真正的成长正是要将"我"放下，放下心中的包袱、放弃偏执的想法、放松自我、放开妄想，女孩才会真的长大。

当然，长大也并不是一下子就能实现的事情，所谓的"一夜长大"必然是受到了某种外在的强烈刺激。但大多数女孩的人生是平凡的，没有那么多离奇的波折，所以大多数的成长也应该是一个自然成熟的过程，女孩们需要一步步的蜕变才能破茧成蝶。

成长是一个缓慢的过程，急功近利不得，拔苗助长的结果很可能会颗粒无收。饭要一口一口吃，才能吃得饱、品得香。我们不可能一下子就拥有卓绝的能力、辉煌的事业、崇高的地位、甜蜜的爱情、温馨的家庭。如果只是因为自己现在暂时一事无成而懊恼不已，那除了会产生怨天尤人的负面毒素之外，对自身是没有任何好处的。

也许和你同时起跑的人已经将你远远甩在身后，让你有种原地踏步的错觉，让你被自卑感深深困扰着。不妨静下心来想一想，你就会发现其实自己并不是没有进步，只是可能选择的道路不同而让人生的轨迹多了一些小曲折和小挫折而已。但是这又何妨呢，你的路途中有属于自己的独一无二的风景，况且跟自己相比你毕竟是进步了的：你一定不会像刚进社会时那么冲动冒失，会用理智去考虑问题，懂得男女之间除了爱情之外的责任，知道赚钱不是一件容易的事情，能完成原来看似不可能完成的复杂工程，懂得去鉴别和区分一个人的好坏，这所有的一切都是你用一点一滴的成长积累起来的。

让自己成长，并且每天都看到自己的进步，尽管偶有瑕疵，尽管不甚完美，我们都欣然接受、努力改变，这才是心智成熟的真实写照。

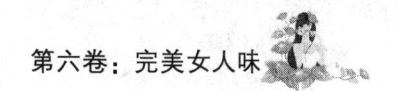

独处时的美妙

说道独处，人们的眼前往往会出现一幅孤单、落寞又寂寥的画面。而女孩的独处在凄美之中又包含着些许的沧桑，让人不忍直视。独处的女孩仿佛是可怜的，应该流露出一种哀怨的无助眼神。所以大多数的女孩害怕独处，不愿意面对被遗忘的处境，宁愿每天忙碌、应酬或玩乐也不愿意陷入独处的泥潭。

可是人总有落单的时候，尤其是一直单身或暂时单身的女孩。你的休息日不可能总是交给老板来支配，老板也有休息的时候；你的男友还没出现或者临时出差；你的女友要去陪她的男友，那些单身的玩伴也有突然之间全部有事的时候，落单的你要怎么办？天生没有享受寂寞的命的你，面对它时是那么的惶恐不安、不甘不愿。可是你还是要过接下来的独处时间，没有办法逃避，因为你没有选择它，它却选择了你。与其需要数着秒算时间让自己过完不愉快的一天，不如学会独处，试着和寂寞去跳支舞。一个人的世界可以很落寞也可以很精彩，就像那句很流行的网络签名："孤单是一个人的狂欢"。即使在一个人的时候，你同样可以让自己 high 翻天，快乐就算没人分享也还是快乐啊。

独处的时光是完全属于你的时间，你有完全的支配权，它只属于你一个人，你爱怎么用就怎么用。一个人的独处可以有很多状态，可以是读一本书、作一幅画、听一段音乐、看一场电影；也可以整理你的衣橱、试遍所有的衣服，或者做一次房间兼空间的大扫除；更可以是蜷缩在床上看着天花板发呆、翻翻旧照片、回忆以前的那个初恋男友然后哭得唏哩哗啦；又或者看肥皂剧或玩游戏直到自己都恶心想吐。独处的方式因人而异，但是也有好有坏，好的可以让你身心愉悦，坏的只能让你心情更加糟糕。聪明的女孩自然应该挑好的来做了，诚实地面对自己的内心，用独处的时光满足它被忽略已久的存在。

伍尔芙说过，女孩要有一间"自己的屋子"。**每个女孩都应该有一个这样的完全属于自己的"屋子"，这就是属于你自己的空间**。这里有属于你自己的秘密花园，在这里你可以胡思乱想、为所欲为，没有人可以打扰，也没有人会责怪。独处正是你通往这间"屋子"和这座"花园"的必由之路，聪明的你又怎么可以放弃这样的优待？即使你已经习惯了身边的喧嚣、热闹和有人相陪，也不要将自己的心灵堡垒轻易废置，你需要不时修葺、完善才能更加经受得住风雨，而独处为你提供了这样一种可能。

一群人的世界是热情洋溢，两个人的世界是温暖浪漫，一个人的世界是悠然自得，当然也可以精彩无限。选择怎样的生活方式是你的事，但是前提别忘了是让自己快乐，即使独处也是一样。

如画般的女人味

品味女孩有如品味画一样，越品越有味。品味画也要像品味女孩一样，品味她的灵性。

然而，要享用女孩的韵味就需要男人的特殊品位，只有男人的特殊品位才能真正欣赏到女孩韵味。

所以说，最能够品味和欣赏女孩的韵味的，只有男人，最善于把女孩当作画来欣赏的，只有男人。男人，是女孩的忠实读者；女孩，是男人的艺术欣赏对象。

然而，在生活中，有很多男人还看不懂女孩，就像看不懂抽象派的浪漫画一样。

其实，女孩做人和画家画画一样不容易。画家要画好一幅画，先要练好画画的基本功，继而要深入生活，最后要提炼生活进行艺术加工。**女孩做人也像画家画画一样，先要练好做人的基本要领，继而要融进社会，进入家庭，最后还得在社会和家庭中树立自我形象。**

女孩如画，每个女孩都是一幅优美动人的画。大凡男人都爱画。爱画，就得爱惜画的珍贵，懂得画的艺术内涵。世上，只有女孩美如画，仅凭这，女孩足够男人品味一辈子了。

美丽对于女孩来说是一种永恒的诱惑，在这个世界上所有漂亮和不漂亮的女孩的名字都叫"美丽"。倘若这世界只允许女孩们爱一种东西，

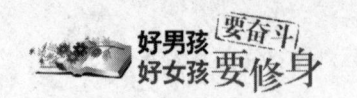

不用举行民意测验，铁定的90%以上的女孩都会选择美丽。

丧失了女人味的女孩，是一种随时随刻都能让人窒息的女孩。尽管以貌取人是人类的陋习，千百年来一直为"有识之士"所摒弃，可对于吃饭穿衣睡觉、上班下班的凡人、俗人来说，在许多时候，对女孩之美丽总保持着那样一种顽固："最难消受美人恩"。这个"美人恩"，便是男人眼中女孩的水性，女孩的娇羞，女孩之所以为女孩的温柔，女孩敢于、善于为女孩的女人味！

不管你是白领还是蓝领，待字闺中也好，初为人妻也罢，作为女孩的你：永远不要大大咧咧，风风火火。要记住，凡事有度；矜持，永远是最高品位。

外表漂亮的女孩不一定有味，有味的女孩却一定很美。因为她懂得"万绿丛中一点红，动人春色不须多"的规则，具有以少胜多的智慧；凭借一举一动，一言一语，一颦一笑之优势，尽现至善至美。

我们知道再名贵的菜，它本身是没有味道的。譬如："石斑"和"桂鱼"算是名贵了吧，但在烹调的时候必须佐以姜葱才出味哩！所以，女孩也是这样，妆要淡妆，话要少说，笑要可掬，爱要执著。无论在什么样的场合，都要好好地"烹饪"自己，使自己秀色可餐，暗香浮动。

前卫不是女人味，切不要以为穿上件古怪的服装就有味了。当然这也是味，但却是"怪味"。

有钱的女孩不一定有女人味。这样的女孩铜臭有余而情调不足，情调不足则索然无味。

女人味，如果叫你真正说说其味道的内涵，大多又很难说清楚。而说不清，正是女孩的娴静之味、淑然之气也。

音乐是女孩，女孩就是音乐。音乐给女孩以憧憬、幻想、回忆。音乐的暗示就是给女孩生命的暗示。爱听音乐的女孩能得到男人的欢心，这是因为这样的女孩具有典雅的气质。

女孩就像春天，美丽的衣饰就像春天里的鲜花。春天没有鲜花不是春天，女孩没有漂亮的衣饰就不是女孩。男人口上说只是爱女孩本身，

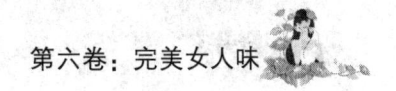

其实有部分爱是隐藏到色彩中去了，爱打扮的女孩最懂得男人心理。

爱艺术的女孩，令人感到浪漫。这种浪漫不是卖笑调情，不像爱艺术的男人都有点附庸风雅。她主要表现在生活、工作、爱情上，也比较自重自尊，不容易失去属于自己的原则，在爱情世界中也不易被低俗的男人所骗。

健美留得住美丽，爱健美的女孩在持之以恒和运动精神促使下，变得美丽和自信，将成为美丽的天使，幸福的宠儿。她可以无愧地说："太阳每天都是新的。"这种自信使她充满活力，工作如意，容易得到上司和同事的喜爱。

女孩的半边天是世界美丽的风景，要欣赏风景，就要善心善意的把握方向，像行船的舵手一样来不得半点的偏心，否则就会触礁、翻船。女孩的魅力如春风、夏雨、秋果、冬阳，于己于人受益无穷。

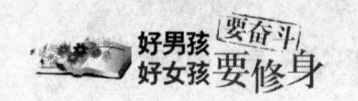

撒娇是女孩的万事特赦证

但凡男人，一般都喜欢看到女孩撒娇的样子，当女孩抿着娇俏的嘴巴，微晃着忸怩的身体，再加上一副梨花带雨的样子，心肠再硬的男人也会甘拜下风。

在男人眼中，撒娇的女孩是得到了一份娇宠，才展示出的千般妩媚、万种风情。撒娇的女孩懂得男人的"软肋"，所以她不动声色地收敛起自身的锋芒，剥去坚硬的外壳，把最软弱的部分展示给男人，幸福地享受男人的关爱和呵护。

柯美属于标准的"白骨精"类型，三十出头就做到了一家广告公司的高层主管。跟她毕业于同一所高校的老公却一直事业平平，是一家政府机关的普通科员。前不久大学同学聚会，已有几对结为秦晋之好的神仙眷侣劳燕分飞，可她和她老公之间却一直百毒不侵、固若金汤。同学们很好奇地问她婚姻保鲜的秘诀，她娇羞地一笑：无他，本女子不才，就是会撒娇，每当夫妻两人剑拔弩张的时候，我就撅撅嘴，发发嗲，老公立刻转怒为喜，紧张的氛围立刻就烟消云散了。末了，她总结了一句：越会撒娇的女孩越会得到男人更多的疼爱。

有一个故事在英国是家喻户晓：说的是撒切尔夫人第一天出任英国首相，参加完就职典礼后回家，"嘭嘭嘭"的敲门声惊动了正在厨房为老婆摆庆功宴的撒切尔先生，"谁啊？"撒切尔先生随口问了一句，"我是英国首相!"刚刚荣登首相宝座的撒切尔夫人得意洋洋地大声回答。结果,屋里半晌无语,也没人来开门。撒切尔夫人恍然大悟,她清了一下嗓子,温柔却又略带甜蜜地重新说了句"亲爱的,开门吧,我是你太太。"这一回,声音不高,但很亲切,不一会儿,门打开了,她赢得了丈夫一个热烈的拥抱。

　　在男人看来,会撒娇的女孩具有一种特别的女孩味,举手投足之间,总会让男人为之心动。记得林青霞在她若干年前的一本自传中就说过:男人都喜欢爱撒娇的女孩。撒娇既是女孩的一种权利,也是一种独特的魅力,更是对付心上人的一项秘密武器。<u>男人大多都有一种怜香惜玉的英雄主义情结,你越弱小,他就越强大,你越楚楚可怜,他就越百般呵护</u>。总之,女孩学会小鸟依人,男人才能挺直腰板,如果你总是做出一副女强人的样子,大部分男人只会对你敬而远之。

　　每一个女孩都希望被爱,可是女孩要想被男人爱,就要学会示弱,就要学会撒娇。会示弱会撒娇的女孩才是男人的"心头肉"。在感情关系中,女孩只有学会四两拨千斤,以柔克刚,而不是硬碰硬来个正面阻击战,才能激发男人"英雄"的一面,女孩越是我见犹怜,男人就越有成就感和自豪感,相反,女孩老是居高临下、颐指气使,男人就会心生恐惧以至于产生"逃跑"的想法。所以说,女孩要想长时间地吸引男人,靠的不是一味地逞强,而是适当的示弱,善于运用撒娇这一大"利器"。

　　对于撒娇,好多女孩会说,不就是拖长尾音、拉高声线嘛,实则不是这么简单。女孩的撒娇是非常有学问的,它不但包含着不同的技巧及方法,而且环境也很重要,也要看情况,正如脾气不可乱发,娇气也不可乱撒。撒娇太少,男人会觉得女孩没情趣,太像男人婆;撒娇太多,又会令他渐渐麻木,失去感觉;不适当的撒娇,会更加令人反感,就算是最高招数的撒娇,也只会惹来讨厌,反而弄巧成拙。所以,撒娇也需要技巧,适时地撒娇,方能取得理想的效果。

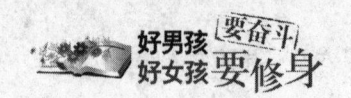

散发你独特的人格魅力

散发出人性光芒的人格魅力,是女孩获得关注的法宝。一位领导,如果没有人格魅力,就无法得到下属的尊敬。而一个女孩如果没有人格魅力,自然无法得到别人的喜爱和信任。每个女孩都渴望获得他人的信任、理解和友谊,渴望自己与周围人的关系是和谐融洽的,那么,怎样才能讨人喜欢,受人信赖呢?这就涉及到人格魅力的问题。

何为人格魅力呢?要弄清这个问题,首先要弄清什么是人格。人格是指人的性格、气质、能力等特征的总和,也指个人的道德品质和人的能力作为权利、义务主体的资格。而人格魅力则指一个人在性格、气质、能力、道德品质等方面具有的能吸引人的力量。

人际交往中,人格魅力是一种力量,能吸引别人向自己靠拢。所以,一个女孩能受到别人的欢迎、容纳,她实际上就具备了一定的人格魅力。反之,就缺乏人格魅力。

英国作家巴里曾经说过一句话:"**魅力仿佛是盛开在女孩身上的花朵。有了它,别的都可以不要;没有了它,别的起不了作用。**"可见魅力对女孩的重要性。

在现实的生活中我们时常看到,一些女孩似乎特别幸运,她们无论走到哪里都备受欢迎,而这并不是因为她们更加漂亮或者聪明!只要我们对这些"幸运儿"稍加分析就会发现,她们身上具有某种能吸引人的品质，同时，也正是由于这种真正的人格魅力，她们身上就像有一个奇特的磁场，总是能把别人牢牢地吸引在自己周围。

个人的魅力是一种神奇的资源，能让一个外表平凡的女孩焕发出动人的光彩。那些法国沙龙里的女主人通常不是很年轻，但她们的个人魅力却能使头戴金冠的国王相形见绌。在很多场合下，当人们谈话陷入僵局之时，这种聪慧的女子能轻而易举地使整个局面改观。也许她们并不美丽，也并不年轻，但她们能将每个人的目光都吸引过来，成为大家追捧的对象。

拿破仑·希尔指出："有魅力的女孩儿，人人都爱和她交朋友，和有魅力的人相处总是愉快的。她好像雨天的太阳，能驱逐昏暗。良好的个人魅力是一种神奇的天赋，就连最冷酷、无情的人都能受到她的感染。"

一位有名的商店经理曾经说："有些人生来就有与人交往的天性，他们无论对人对己、处世待人，举手投足与言谈行为都很自然得体，毫不费力便能获得他人的注意和喜爱。可有些人便没有这种天赋，他们必须加以努力，才能获得他人的注意和喜爱。但不论是天生的还是后天努力的，他们的结果，无非是博得他人的善意，而获得善意的种种途径和方法，便是人格的发展。"

当然，**人格魅力并不全是天生的，而是可以靠后天修炼得来的**。首先，一个提升人格魅力的方法就是与那些有魅力的人交往。通常情况下，我们都会发现，有些人即使与我们偶然相识，只有一面之交，也能引起我们的注意，使我们在不知不觉中，便和他们接近，成为朋友。在这个过程中，我们的人格无形中也得到了发展。

其次，我们知道，在与人的交往过程中，最主要的是真诚，只有真诚才能换来对方的信任和喜欢。所以，**真诚无私能为一个外表毫无魅力的女孩增添许多内在吸引力**。

1968年，美国心理学家安德森制作了一张表，列出550个描写人性格品质的形容词。他让大学生们指出他们所喜欢的品质。研究结果明显

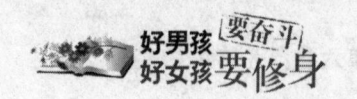

地表现出，大学生们评价最高的性格品质是"真诚"。在八个评价最高的形容词中，竟有六个（真诚的、诚实的、忠实的、真实的、信得过的和可靠的）与真诚有关。而评价最低的品质是说谎、装假和不老实。

人的个性是千差万别的，一方面是受遗传因素的影响，另一方面是生活环境和个人修养使然。可是，这并不意味着一个人对自己个性的塑造就完全顺其自然了。相反，为了提升自己的人生品质，我们应该积极地克服那些对自己不利的性格因素，寻找能为自己的个人魅力加分的良方。

一个女孩的人格魅力同她的智力、受教育程度一样，与她的前途息息相关。所以，努力提升你的人格魅力吧，那样不仅能提升你的人气指数，还能使你拥有不可限量的发展前途。

微笑的力量胜过一切

微笑可以在瞬间缩短人与人之间的心理距离，它是人际交往中最好的润滑剂。如果你是个不善言辞的女孩，那么请亮出你的微笑，这就是最动听的语言。拿破仑·希尔这样总结微笑的力量："真诚的微笑，其效用如同神奇的按钮，能立即接通他人友善的感情，因为它在告诉对方：我喜欢你，我愿意做你的朋友。同时也在说：我认为你也会喜欢我的。"

世界名模辛迪·克劳馥曾说过这样一句话："女孩出门时若忘了化妆，最好的补救方法便是亮出你的微笑。"真诚的微笑透出的是宽容、是善意、是温柔、是爱意，更是自信和力量。<u>微笑是一个了不起的表情，无论是你的客户，还是你的朋友，甚至是陌生人，只要看到你的微笑，都不会拒绝你</u>。微笑给这个生硬的世界带来了妩媚和温柔，也给人的心灵带来了阳光和感动。有一位老太太年轻的时候就喜欢研究心理学，退休后，就和丈夫商量着开了一家心理咨询所。没想到，生意异常红火，每天来此的人络绎不绝。预约的号甚至排到了几个月以后，有人问她，她如此受欢迎的原因是什么。

老太太说，其实很简单，他们夫妇的主要工作就是让每一位上门的咨询者经常操练一门功课：寻找微笑的理由。比如，在你下班的时候，你的爱人给你倒了一杯水；比如，下雨的时候，你收到家人发来的让你

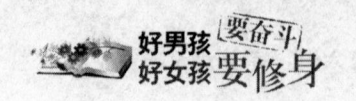

注意安全的信息；比如，在平常的日子里，你收到了一封朋友发来的写满祝福和思念的电子邮件；比如，在电梯门将要合拢时，有人按住按钮等你赶到；比如，清洁工在离你几步远的地方停下扫帚，而没有让你奔跑着躲避灰尘；比如，有人称赞你的新发型；比如，雨夜回家时发现门外那盏坏了很久的路灯今天亮了。诸如此类的生活细节，都可以作为微笑的理由，因为这是生活送给你的礼物。

那些按这对夫妇要求去做的人发现，几乎每天都能轻而易举地找到十来个微笑的理由。时间长了，夫妻间的感情裂痕开始弥合；与上司或同事的紧张关系趋向缓和；日子过得不如意的人也会憧憬起明天新的太阳。总之，他们付出的微笑，都有了意想不到的收获。美丽的笑容，犹如桃花初绽，涟漪乍起，给人以温馨甜美的感觉。如果女子在各种场合能恰如其分地运用微笑，就可以传递情感，沟通心灵，甚至征服对手。

一位业绩卓著的女推销员，她推销的成功率高得让人不敢想象。她的秘诀其实很简单：在她每次敲开陌生人的门之前都对着随身携带的镜子微笑，当她觉得自己的笑容足够真诚时，才带着这样的微笑去敲门，客户就是因她这样永远不变的笑容而情不自禁地被她捕获。

微笑的力量非凡。它有助于缓解负面情绪，并有利于人们之间的交往。微笑能引发健康的情绪，减轻生活的紧张感与环境的束缚感，使你的生活变得快乐。在某种程度上，微笑可以衡量一个人对周围环境适应的尺度。

在社交场合，微笑就像一种润滑剂，聪明的女孩比男人更善于利用它。有时候，争得面红耳赤或剑拔弩张的双方往往只需女孩一个微笑、一个眼神或一句息事宁人的话语就能火气顿消，甚至握手言欢。

<u>微笑是上帝赋予人类的特权，丧失了什么也不要丧失笑容，那是对自己、他人和这世界的最美丽的祝福</u>。请给朋友一个理解的微笑，请给帮助你的人一个感激的微笑，请给那些不幸的弱者一个鼓励的微笑，请给下班归来的丈夫一个体贴的微笑。微笑，不用太多的巧言，你就是最美的，最受欢迎的！

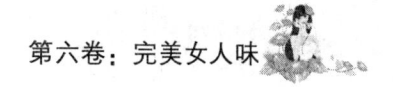

真心喜欢自己的容貌

容貌与生俱来，从呱呱坠地便成定局。接受这人生第一个定数，是你快乐的第一个根基。

你有没有过这样的感受？清晨，当你站在镜子前面，仔细端详着自己的脸庞，一会儿觉得自己的眼睛小了一点，一会儿又觉得鼻子不够挺拔……脸上的毛孔太过粗大，甚至还长了几颗小痘痘，你觉得自己的脸庞不够小巧，嘴唇不够性感，身材不够迷人……于是你开始抱怨，抱怨父母为什么没把你生成一个美人儿，对自己的不满意使你感到有些沮丧，于是你的新的一天以此为开端，怎么快乐得起来呢？

人之所以感到不开心，其中一个关键原因就是他们并不喜欢自己，包括不喜欢自己的容貌，这种不喜欢通常是在和别人的比较中进行的。自己长了一张圆脸，偏偏想要瓜子脸；自己的身材丰满，偏偏想要苗条的身段；自己长了一张小嘴，却偏偏喜欢朱莉亚·罗伯茨那样性感的大嘴巴……在这样的比较中，又怎么可能获取满足呢？

容貌与生俱来，从呱呱坠地便成定局。接受这人生第一个定数，是你快乐的第一个根基。接受并喜爱自己的容貌，这对相貌俊美之人并非难事，而对于姿色中等却又对自身要求严苛的人，这便是需要攻克的一道心理障碍。

首先，要冲破电影、电视和时尚杂志施加给你的无形压力和错误的引导。

化妆师的技艺、灯光师的技巧、摄影师的捕捉、后期的电脑技术，是你所看到的很多"美好"的幕后制造者。而女明星、女模特儿为了拍摄出来的最好效果，甚至在拍照的前两三天就不进主食了，只吃一些流质食物或者水果。《泰坦尼克号》女主角的扮演者凯特·温斯莱特就说过："我们的头发经过专业发型师长达两个多小时的细心打理，我们必须一直屏气收腹，并且使头保持在某个高度和角度上，这样一来，我们下巴上的赘肉和皱纹就不易显露出来了。"

可怜的年轻女孩们通过电视屏幕看到了她们，购买有她们照片的杂志，心里想着："和她们比起来自己真是糟透了，我真想看起来和她们一样。"其实像她们一样又有何难，找一个那样的团队给你打造一下，你也可以成为那个样子。

其次，你要学会对自己宽容，把视线放在自己的优点上，以此建立你的自信。一个自信的姿色中等的女孩也一样可以活得潇洒快乐。

每一个女孩都可以通过化妆、穿衣、发型等方式把自己打扮得更有气质，这个世界上本来就没有十全十美的人，每一个人在外貌方面，都有着独特的气质和优点，只要学会将自己的优势凸显出来，就会成为自己的亮点，自然有一份独特的吸引力。一个聪明的女孩应该懂得欣赏自己，接受自己的容貌，停止再将自己的外貌与别人做比较。

大家可能都知道著名的模特儿吕燕，按照我们中国人传统的审美观点来看，她毫无疑问是个丑女：小眼睛、柳叶眉、大颧骨、塌鼻梁、厚嘴唇、满脸雀斑，一米七八的身材，微驼背。然而，这个在山沟长大的女孩，现在已是国际名模，定居纽约，一年要在巴黎、米兰、伦敦等各大时尚之都进出好几次，走不尽的T台，上完一个又一个的杂志封面，还有各式各样的产品代言。曾经的吕燕，对于自己的容貌也相当地不自信。一次偶然的机会，中国著名形象设计人李东田和冯海发现她长得虽不美但很有特点，于是为她拍了一组照片，从此一发不可收拾。2000年世界超模大赛爆出大冷门，在人们眼里绝对没有获奖可能的"丑女"吕燕荣登亚军宝座。而在这之前，中国模特儿在这一大赛上的最好名次是第四名。在东方人眼中的"丑女"，在国际顶尖设计师的眼中却惊艳无比。独具慧眼发掘吕燕的中国顶尖时尚造型师李东田说："我第一眼看见她，就有震撼的感觉，她的面孔很少见，特别国际化，不同凡响，尤其她身上透出那种同龄女孩少有的自信和坚忍，让人一看就知道这是个supermodel（超级名模）的料。"

其实这个世界就是这样，没有丑女孩，只有自信不自信的女孩，每个女孩都有自己容貌上的特点，而这个特点就可能变成你的标志。这个世界上根本不存在任何完美的事情，如果一个女孩总是羡慕着别人的美貌而对自己过于挑剔，那么你就无法获得快乐。其实，在一个人眼中的丑女可能就是另一个人眼中的美女，不自信的女孩总是对自己妄自菲薄，而一个自信的女孩却真心地喜欢自己的容貌，并能够快乐地和他人交往，并从中获得幸福，你愿意做哪种女孩呢？

第七卷：男孩的世界有"他" 有"她"也有"我"

男孩的世界有着许多成员，"他"是朋友，"她"是恋人，也有自我，学会去平衡生活，平衡自己。男孩的世界不存在厚此薄彼，但需要明白这个世界最重要的是什么……

每个男孩都是太阳之子

男孩，你最大的优势就是你有个聪明的大脑，你的思维敏捷，你的判断能力强，你的应变能力强……你这些优点，可以使你的思考想得很远，你可以从大局着手找到走向成功最近的路。

男孩，你有一个广阔的心胸，你对许多事情不会去斤斤计较，你不会随便去猜测什么，你可以去容忍很多，你不会情绪波动而失控，你不会喜怒无常，你不会感情用事，你的控制力很强，你不会随便去妒忌他人，没必要……你这些优点可以使你有良好的人际关系，可以使你与你的同事齐心协力地工作，你的朋友也不会对你设防。你知道什么事该做，什么事不能做，就算你伤心，你失意，你也清楚地明白怎样控制，你具备做一番事业的心胸。

男孩，你能吃苦耐劳，任劳任怨。你不会在乎今天是大热天还是下雨天，风里来雨里去，早已成了你的习惯。你的破鞋比女孩多几倍，因为你走的路要比她们远；你吃的东西要比女孩多，因为付出的力气也要比她们大。出差，跑业务，已成了你的家常便饭，你已经学会了在外面怎样照顾自己。一年365天，只有你自己心中明白，你吃了多少苦，挨了多少饿，行了多少路，但从来没有听男孩说一声"苦"。

男孩，你总是那么自信：自信的外表，自信的语言，自信的行动。在女孩的眼里，你总是把那些不可能办成的事办成了。虽然有时失败也一次一次地打击着你，但你从来没有放弃过，你生活的每一天，全身都放射出自信的光芒，你总是有许多梦想，最使女孩信服的是，你那些梦，像雾像雨又像风，居然梦想成真。

男孩，你总是"流血不流泪"。你每天都带着微笑地去面对一切，你很自信我们不否认。但你从来不失意吗？你从来没有受到伤害吗？不！你的心情也有低落的时候，只不过你不想别人看到，你只不过把没有流出的泪水吞到了肚子里了，成了个人承受的东西，你总是把快乐传给别人，把悲伤留给自己，这能否算是男孩的一个优点？

男孩，你总是相信这样一句话："敢拼才会赢"。女孩总是说你喜欢冒险，你总是说：只要有1%的希望，就要有100%的信心，300%的努力。 正是凭着这种执着，你每天都风里来雨里去，你就像一只风帆，在茫茫的社会海洋中航行，所有的风险由自己承担，成果却又全社会分享，是你用冒险的精神，推动着社会的发展。

男孩，你的动手能力极强。你总是少说多做，沉默的你总是在动手操作着。很多东西在你手中弄几下，就修好了，让女孩拍案称奇！你总是踏实地干着你该干的事。

男孩，你极有社会责任感，也许这是传统的基因，使你认为负担社会责任是你的天职。你总是认为国家的兴亡有你的责任，家庭的幸福是你的义务。在这种动力的驱使下，你总是一心一意地做好自己的本职工作，努力给社会和家庭一份满意的答卷，这种社会责任感对你的事业有极大地帮助。

男孩，由于你天生好动，走过很多地方，对世界了解很深，从而使你掌握了丰富的人生经历，这也是你人生一笔宝贵的财富。

这就是男孩，仿佛像太阳一般的激情，普照大地，时时刻刻散发着自己的光和热。或许，每个男孩都是太阳之子。那么就请你把你的阳光照耀得更加强烈一些吧。

耐住寂寞令人成长

学习是一辈子的事情，尤其是在知识更新速度不断加快的今天，一天不学习，你就有可能落在了时代的后面。你不必勉强自己每天用很长的时间来学习，来进步，每天进步一点点，日积月累，你就会有惊人的发现！

成功男孩，要志在高远，更要脚踏实地。

成功之所以伟大，就在于它不但能让你看到幸福，同时也能让你周围的人享受到幸福。 你在社会上争取到更多的就业机会和创业机会，就意味着你能为你的孩子提供更好的成长条件，能为深爱你的女孩提供更有力的臂膀，能让挚爱你的双亲有个美好的晚年……

一个人能否成功的关键，就在于他追逐成功的欲望有多大。 如果你抱着一定要成功的决心，你就会如同破釜沉舟的将士们一样，排除万难，争取胜利；如果你只是抱着希望成功的想法，就会在挫折面前退却。

有两个大学生在斯坦福大学毕业了，他们分别叫惠尔特和普克德。他们下决心自己开创一番事业，于是凑了500美元在加州租了一个车库，这样惠普公司成立了。创业初期，他们遇到了各种困难：研制出来的音响调节器卖不出去，各种产品无人问津。但他们没有气馁，依然研制改进新的产品，并四处推销，第二年总算赚了1500美元。他们付出

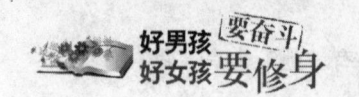

了更多的艰辛和代价，承受着常人所不能承受的挫折。终于，惠普公司成了美国电子元件和检测仪器的最大供应商。直到今天，惠普公司仍然是全世界微电子工业最重要的电子元器件及配套设备的供应商。

很多时候，成功是这样来临的：你有激情，你坚信自己一定能成功，并且愿意为了这个目标付出常人难以付出的努力，承受常人难以承受的压力。

曾有一个年轻人问大哲学家苏格拉底，成功的秘诀是什么，苏格拉底带着年轻人来到河边，让年轻人陪他一起向河里走。当河水没到他们的脖子时，苏格拉底趁年轻人没注意，一下子把他按到水中。年轻人拼命挣扎，但苏格拉底很强壮，一直把小伙子按在水里，直到他奄奄一息时，苏格拉底才把他的头拉出水面。这个年轻人出水之后赶紧吸了几口气。苏格拉底问："在水里的时候，你最需要什么？"小伙子回答："空气。"苏格拉底说："这就是成功的秘诀。**当你渴望成功的欲望就像你需要空气的欲望那样强烈的时候，你就会成功。**"

你们不妨问问自己，你对成功的欲望到底有多大？当然，成功既需要有高远的志向，也需要有脚踏实地的精神，我们首先需要避免的就是自己的浮躁。**浮躁除了让你一无所得之外，没有任何其他的作用。**

面对理想与现实落差的残酷现实，许多人都有一种茫然而不知所措的浮躁情绪。这种浮躁情绪在日常生活中有以下表现：心浮气躁，朝三暮四，浅尝辄止；自寻烦恼，喜怒无常；焦虑不安，患得患失；这山望着那山高，静不下心来，耐不住寂寞，稍不如意就轻言放弃，从来不肯为一件事倾尽全力。

为什么现在许多企业不愿意接纳毕业生，原因就在于毕业生普遍存在一种浮躁心理，不愿意静下心来好好做一件事，更不愿意为一份工作付出时间和心血。他们一边感叹着"怀才不遇"，一边又鄙视自己所从事的工作，总希望能一步登天。"三十而立"的金箍棒高悬头上，无数诸如丁俊晖、刘翔等年纪轻轻就成功的案例让人更觉得迫不及待……在这个充满诱惑的时代，人人都渴望成功。几乎所有人都梦想着一觉醒来就成为世界首富，大多数人认为自己注定会成为人上人，理应享受香车豪宅，却独独忽视了这样一件事情：那些坐拥香车豪宅的人，大多是通过扎扎实实的奋斗取得成功的。浮躁，成了男孩走向成功的一个最大阻碍。

成功者的经验告诉我们，不管你的能力有多强，都必须从最基础的工作做起。对很多人来说，成功不是短期行为，不能搞短平快，要耐得住寂寞。

当你在克服自身浮躁的同时，千万不要忘记加强自身的修养，这不仅是一种传统的观念，也是现实生活对我们的要求，不仅是成功人士必须坚持的，也是无数未成功人士所必须努力做到的。

男孩的沉默需要"她"的理解

男孩从小就接受着征服世界、顶天立地、承担责任之类的"脊梁"教育。当他们成人后,无论面对多么无奈的疲惫,多么艰难的挫折,多么残酷的打击,多么沉重的负担,多么巨大的压力……他们都不能像女孩那样可以通过哭来宣泄,通过眼泪冲刷,通过倾诉排遣。

他们唯一能做的,只有沉默。在沉默中反思,在沉默中调理,在沉默中蓄势,在沉默中舔吮伤口。

因此,当男孩拖着沉重的脚步回到家,当他坐在沙发上一言不发,当他对你的话语置若罔闻时,你千万别颐指气使、无事生非、浮想联翩,甚至耳提面命。说不定,他刚刚结束与客户的谈话精疲力尽,或者正面临人生事业的蹭蹬,备感伤害困顿疲乏。这时,他沉默是为了休养生息,他是在沉默中获得新生。这时你不妨给他一个小时的时间,让他和白天的工作彻底说"再见",之后,他可能会对你的任何问题表现出惊人的兴趣。

这里特别提醒一点,当男孩身心疲倦时,如果他还有兴趣看电视,那么千万不要在他看新闻联播时关掉电视机,然后关切地说:"累了,就早点休息吧,还看什么电视呢。"须知,事业型的男孩大都对政治比较关心,你这种"关心呵护"只能适得其反。但你可以在广告节目的空档中适量插入点安慰的话。

你常常会发现自己熟悉的那个男孩,说着笑着,突然沉默起来;朋友相聚时热着闹着,他却坐在沙发上发呆;你热情洋溢地向他抛过去一串话,他竟毫无知觉。

其实这个时候,沉默发呆只是男孩的外表神情,说不定他的头脑里正想什么稀奇古怪的点子,或在思考某些古怪的问题,或者什么事触发了他的灵感。在他进入沉默的思索状态时,那是一种类似于"闭关修炼"的境界。

他们不希望任何人把他从思索的状态中拉出来,更不希望有人打断或扰乱他在沉默中"修炼"。如果这时,你忍不住好奇冲动或者关心使然,向他提这样或那样的问题,比如,你正在想什么,说出来我帮你参谋参谋?或者你有什么话要说啊?你听到我的问话了吗?无异于自讨没趣。

在男孩们看来,这时候所有关心的、体贴的、善意的、好奇的问话,全如嗡嗡飞舞的苍蝇一样,扰人清静。这时,你就不妨当一个默默不语的随从吧。而你适时提供的轻松氛围,不仅会使他的沉默时间大大缩短,而且会让他对你感激不已。

与此同时,男性心理研究者指出:男性的世界充满竞争,这就要求距离、假面具和算计。<u>男孩的生存面临着女孩无法想象的残酷挑战,孤独在所难免。</u>

而女孩会觉得,男孩的心里一定藏着很多秘密,于是,好奇心不断推进挖掘的深度。

但要让一个男孩在沉默时敞开心扉,首先是要给他一种安全感,即你在任何时候,都不会利用他的弱点。你可以利用女性的那种热情来抚慰他。你也可以安安静静地听他叙述,尽可能客观评价,并和他一起寻求解决方法。

其实,男孩总有潜在的自大倾向,只要他有足够的观众,他就会表现得极有魅力、健谈,并充满兴趣。所以,如果要缓和彼此的冰冻气氛,你可以考虑和他一起去酒吧或者茶馆。因为在那里,他可以找到使他兴奋的公众。要么就和别人一起做点事，比如约人一起看电视、逛街，当他发觉本该属于自己的地位受到威胁之后，他肯定会主动来找你破解僵局。

所以，当男孩处于沉默状态时，请多多地理解他吧。

花心男生的累与苦

谁是男生羡慕的对象？韦小宝韦爵爷。为什么？老婆多，七个老婆不仅个个美貌，而且类型各异，基本囊括了男生喜欢的女生的所有类型：沐剑屏天真纯洁，方怡青春洋溢，双儿忠贞不渝，建宁公主任性主动，苏荃自信风骚，曾柔率真甜美，阿珂美若天仙。说实话，这七类女子，男生哪个都不肯舍弃，只是迫于现实的压力才无奈选择其一，有的甚至一种也选不上，因为世界上只有一个韦爵爷。但是显然很多男生是不甘心的，虽然达不到那程度，至少也是跑步往那程度上赶，这就是现在的花心男生。

男生对于花心的男性，通常都是集羡慕嫉妒和恨于一身的，羡慕他们可以万花丛中过，享尽齐人福，但实际上做一个花心男生是一件非常难的事儿。花心男生心理素质要好。女生是世界上最难摆平的，因为其多变。一个女生尚且如此，那 N 个女生就别提了，更何况还要偷偷摸摸地来。劈腿这件事如同在悬崖边上跳舞，一旦摔了就挂了，花心男生最怕的就是揭开蒙在上面的那一层布，花心的名声传出去，直接断了后路了。

劈腿之路，往往是在山重水复疑无路，柳暗花明又一村的崎岖道路上曲折前进的，胆大心细这是基本素质，还得练就临危不惧、撒谎扯皮脸不变色心不跳，信手拈来，化危险于无形，心脏不好的就别蹚这浑水

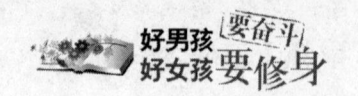

了，摊上道德败坏的名声不说，把小命搭上就不值了。

花心男生还得脑子够用。以一敌众，最基本的得把相互之间的相识纪念日，生日等等记清楚了，千万不能弄混，错一次就得长期被怀疑，一旦处于被监控状态就麻烦上身了，戴着镣铐跳舞的滋味不好受。

现在的女孩子还喜欢起昵称，这东西更得记结实了，不能叫错。如果你不相信自己的记性，那就干脆给所有的人统一来个最常用最好记的昵称，比如宝宝啊啥的，准错不了。

最要命的就是公共节日，比如情人节圣诞节什么的，时间、行程都得安排得像推理小说一样精密，需要最完美的理由来解释自己为什么不能全天都和一个人在一起，绝对不能穿帮。

花心男生必须有耐心，同样的故事需要分别讲给不同的女生听，同样的笑话需要拿来逗不同的女生笑，像是不断地在重播。尽管只是重复，但是每一次都得感情饱满地投入进去，每一次表情举止都得做到位了，如果哪天倒霉，不幸遇见几位女朋友同时生气，那还得一个一个耐着性子哄，这不是一般人招架得了的。

花心男生必须得有钱而且舍得花钱。一般来说，就是别的男生需要买一份礼物而你需要买 N 份，别的男生开一次房你需要开 N 次，别的男生买一束花你需要买 N 束，别的男生买一身衣服你需要买 N 身，为了摆平几个女生，就得做好咬紧牙关勒紧裤腰带不吃不喝的准备，你说劈个腿容易么！

再者就是需要你根据女朋友的数量来决定购买几张手机卡，见不同的人换不同的号，免得跟这个约会的时候那个打来电话，接与不接总会有一个人怀疑。

最致命的就是，男生在外面花心之后，总会莫名其妙不由自主万分心虚地花大钱买贵重礼物送给首席女朋友，这是出于良心不安的补偿心理，这也是一笔不小的开销。

所以说，花心男生不容易，不像大家想象的那么好，一分耕耘一分收获，得到的多必然意味着付出的多。虽然苦，但花心男生往往就是需要这种苦中作乐的快感，这再一次印证了男生准确地说是花心男生非常贱这个真理。

奉劝男孩要做一个爱情的忠诚卫士，不要去做花心男生。人的生命有限，时间有限，当你沉湎于此时，你的事业，你的人生就在这期间悄悄溜失，当你悔悟时，一切都太晚了。

朋友间的放鸽子行为

　　你是否常常和朋友约好，却借故去不了而取消约会？是否有时候因抽不开身，赴不了约，却忘记了提前告知，导致彼此之间产生误会？你曾经许下的承诺，是否总有一些一直没有兑现？比如一起去旅行、一起吃饭、一起逛街。

　　鸽子放出去，有些会自动飞回来，有些会迷路，再也飞不回来了。

　　被你放了鸽子的朋友，有些会等你兑现承诺，有些则会转身离去。

　　所以，切莫轻易承诺，若承诺了，切莫轻易忘记你未曾兑现的诺言。

　　男孩们也会认为，朋友间偶尔失约无所谓，下一次见面之后再解释，或者电话里解释一下就行了；次数多了才发现，这样的习惯太不好了，如果和朋友定下约会，决定好了行程，让对方为此做足了准备，自己却临时转变主意。或因为事情多，或因为心情不佳，而取消行程，会让对方失望，也会伤害对方的自尊心。

　　<u>于是懂得，如果不能赴的约，坚决不允诺</u>。宁肯让对方现在难过一会儿，也不要让对方抱着期望最后在失望里抱怨。

　　<u>习惯于放鸽子的人，很容易被朋友或周围人当成是不讲信誉的人</u>。想想啊，你已经答应了的事，或者是你自己提出的时间、地点，到最后却一句没时间或者忘记了就完事了，让朋友苦等不说，还好像自己

爽约得理所当然，谁会喜欢啊。

所以，**男孩们无论在平常的人际交往里，还是在职场上，都要懂得守时守信，才能赢得更多信任**。试想，如果你跟一个重要客户约好了，你一定会提早做好准备，早早出门直奔对方公司，路上还要不断地调节自己的情绪。如果客户这时候一通电话告诉你因为有个会议，要临时取消你的约见，让你下次再来，你肯定会觉得自己不受重视吧。

当然，**朋友间最重要的还是诚信二字**。所谓言必信，行必果。与朋友交，要言而有信，已经定下来的事情，最好不要临时反悔；万一有事走不开，也要事先通知对方，好让对方有个心理准备，迅速调整好行程和时间，不要让对方为了你浪费了时间，还增添了不愉快。

男孩们一旦被朋友放了鸽子，也要切记不能马上翻脸不认人，或者暴跳如雷，而应当冷静下来，认真听对方解释；或者在约定的时间没有看到对方来的时候，打个电话或发个短信问一下情况，不要为了赌一口气，漫无目的地等下去，或者抽身离开。也许对方真的是在路上塞车了，也许对方真的是有件很紧急的事需要马上去处理。朋友之间，应当相互理解，尤其是已经答应好见面或者商议的事情，对方也不会故意要你等待的。

若不想被朋友放鸽子，还有一个最好的办法：平时就养成守时守信的好习惯，让朋友知道你向来说到做到。介于你的习惯和气场，朋友也会不由自主地跟着你的习惯行动的。

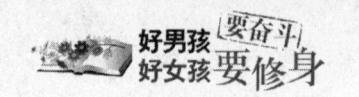

停止年轻前的安逸

有一天，一头猪到马厩里去看望他的好朋友老马，并且准备留在那里过夜。天黑了，该睡觉了，猪钻进了一个草堆，躺得舒舒服服的。但是，过了很久，马还站在那儿不动。猪问马为什么还不睡。马回答说，自己这样站着就算已经开始睡觉了。猪觉得很奇怪，就说："站着怎么能睡呢，这样是一点也不安逸的。"马回答说："安逸，这是你的习惯。作为马，我们习惯的就是奔驰。所以，即使是在睡觉的时候，我们也随时准备奔驰。"

选择安逸还是准备奔驰，一开始就至关重要。一个满足于现状的你，只能够停留在最初的阶段，不仅不会有大的发展，而且还可能被淘汰，失去发展的动力。

在非洲尼日尔特内雷地区沙漠中，生长着一棵金合欢，有1800年的树龄了，虽然主干已弯曲，树身伤痕累累，绿叶也不多，但生命力旺盛，年年生枝发芽，是那里唯一生存下来的一棵树，尼日尔人视其为"神树"。

科学家曾对它进行研究，发现那里的气候条件绝不适合金合欢树的生长。沙漠终年干旱，日夜温差极大，天气几乎难以预测，几分钟前骄阳似火，几分后却忽然转变成狂风暴雨，有时还夹带冰雹、风沙。"神树"能存活千年，确是奇迹。

自从"神树"成名后，经过的车队与骆驼队都会自动自发地维护它，主动修剪残枝败叶，在它根部堆土，并拿出珍贵的饮用水为它灌溉，最后还竖立屏障遮挡风沙和冰雹。可是，条件好了，它却死了，让人遗憾。

1800年来，这棵树已习惯了恶劣的生活环境，由于人们善意的爱护和溺爱，这棵树不必再与环境抗争，结果反而丧命。它不是死于风沙、干旱、高温、严寒、冰雹的摧残，而是死于人们的精心护理，死于安逸的环境中。

年轻时期的男孩太安逸，没有风吹雨打，就好比温室里的花朵，只会越来越娇气，一经风雨就会凋零。这样的几十年的安逸生活已经让你丧失了适应外界环境的意识，青春过后的你怎能还有动力？你现在需要做的就是从安逸的环境里走出来，去接受外界的风吹雨打。要像水手那样去勇敢地面对大海，在惊涛骇浪中扬帆前进。

在阿拉斯加半岛，生活着一种体大膘肥的野鹿，由于半岛是一个人烟稀少的荒岛，水肥草丰，野鹿没有天敌，过着无忧无虑的生活，吃饱喝足了，就很悠闲地在阳光下跳来跳去或打盹，提不起半点精神。人们逐渐地发现，这几年野鹿的数量在减少，原因是生活太安逸，鹿长得虽肥美，但体质极差、多病，没有一点抵抗力，也奔跑不起来，连人都能追杀到它，成了盘中之物。为了给野鹿一点压力和危机感，当地土著人把野狼引进半岛。为此，野鹿的安逸生活被打破了，开始紧张起来，奔跑逃命的速度加快，体质也不断地强健起来——野鹿怕成为狼的猎物。

年轻前安逸的生活会让你滋生懒惰的念头，最终会让人失去向前发展的动力。青年时期这个人生分水岭，正是你放弃舒适环境、直面人生打拼的绝佳时机，所以请你积极进取，以此获得最大的人生动力。**懒惰是事业成就的最大敌人，别梦想着什么都不做，等待着天上掉馅儿饼，这样的机率可以说是几乎为零**。

年轻前太安逸的生活会磨灭你的意志。**骆驼是一种生命力很顽强的动物，它从不在恶劣的环境下怨天尤人，也不是坐等着救星的来**

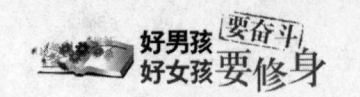

临，它知道要在艰难的环境中存活下去，只能靠自己。于是，它渐渐长成了适合沙漠中行走的脚掌，用高耸的驼峰储存足够的水分和能源，在千里大沙漠中一步一步向前。<u>一个人的成功是练就出来的，这种练就就是你努力奋斗、敢打敢拼的意志，就像骆驼一样。没有一个人是天生就拥有成功的素质的。但每个人都具有成功的潜质</u>。一开始，成功者也只是一块粗坯，只是在生活的磨炼中，一点点去掉了不成功的痕迹而已。有耐心雕琢自己的人，走向了成功，练就了成功的本领；而那些只会享受的人，则是无限度地放大了自己身上不成功的痕迹，他们不肯雕琢自己，永远没有成功的可能。成功的创业者，都有一种骆驼般坚韧的劲头，而这种劲头正是你年轻之后源源不绝的动力。

第八卷：美丽心灵的美丽诠释

生活中不会总是激情澎湃；生活中也不都是热情如火。所以女孩不要苛求太多，多一些宽容，少一些猜忌；多一些理解，少一些埋怨。当岁月在生命的季节里轻轻地滑过，你会发现，你能抓住的只有现在。珍惜现在，珍惜眼前人，珍惜现在所拥有的一切，幸福就围绕在女孩的周围，快乐就充满在每个角落。

好女孩真的难做吗？

　　生活中一个人能被真正的理解很不容易，这也充分体现了做人的不容易。而有句话这么说：做人难，做女孩更难，做个好女孩难上加难，是谁说的已经不重要了，重要的是理解其真正的含义，做一个女孩的滋味将是无法形容的。有时会幸福的要死、甜蜜的昏了头，有时则会被不理解，那一刻又是多么的伤心和无助。

　　当女孩处在青春年华、风情并茂的美好时刻的时候会不满足，不搞学业而是发疯似的寻找所谓的爱情。以至耽误了学业，误入了围墙。从而知道了爱情其实也不是什么好东西。历经百般周折、一发而不可收拾，做了真正的女孩。谁知道：当女孩走到这一步的时候，随着幸福来临的同时，莫大的痛苦也随之而来，多么遗憾、令人惋惜啊！<u>一个人不能仅仅活在他人的掩护里，而一个女孩也不能时刻依靠男人的肩膀</u>。否则，当离开男人的世界，女孩又变得寂寞和优柔寡断。变成众人眼里的小女孩。殊可知：女孩一旦爱上男人，就会超越男人爱女孩的。

　　女孩往往很自私，其实在爱情方面，女孩确实会自私到追求全部的爱。也正因如此才会有："爱人和母亲同时掉到河里"这一荒谬的问题。女孩当然希望男孩会回答先救自己，并且希望听到更多的誓言、蜜语。然而男孩同样希望女孩更爱自己，也想听女孩亲口对自己说那些话语。这时如果女孩不依，则会使男孩产生怀疑：男孩会认为自己会不会是一

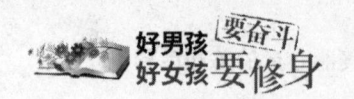

相情愿，女孩是否真的爱自己。此时感情又遭到摧残！然而谁知道女孩也是同样的爱着男人，只是羞于表达罢了。这时女孩多么想高呼：怎么就不能理解我的心呢！

其实，女孩们又何尝不想做个好女孩呢？女孩有爱美的天性，有勤劳的双手和古灵精怪的头脑。所以女孩才会把自己尽量打扮的漂亮一些，好让男人为之倾倒，自己却偷着乐；女孩才会奉献了美丽的双手，拼命地做家务和烧一些拿手好菜以讨男人的欢心；女孩更会做出一些异常的举动在男人脸上"啪"的亲上一口，表示亲切。尽管是这样，女孩也并不一定是好女孩。男人身后有两种女孩：其一，全职太太，第二就是背后支柱。做第一种女孩，当然是幸福的。男人本事大，并且爱自己的女孩，通常对女孩说：你是我的心肝，我不忍心让你在外面受苦；能够做第二类女孩的似乎却要略显伟大，虽女强人称不上，但至少有些斤两，男人又会自豪道：一个成功的男人背后有一个伟大的女孩。男人是这样看女孩的，可谁知道：女孩是多么难为了，做第一种女孩，是享受了温室的幸福，却要守着男人归来，这样女孩会在等待的同时多了几分寂寞。然而第二种女孩做的好还罢，可某些不到位的地方也会大失神色，自责丧气。总之，这女孩难做啊！

可女孩究竟该怎么做呢？很多人都说：爱读书的女孩会很聪明。话说一切知识来源书本，女孩可以从书本上了解到很多。女孩可以从书上学会自我调养、保护，从而身材苗条、性情温和；女孩可以从书上学会烧一些拿手好菜去栓住男人的胃；女孩可以看书知道什么样的衣服男人更喜欢；女孩也可以从书本上学到一些经典语句，从而与男人拥有默契、融洽相处；总之，女孩可以通过读书学会如何做一个好女孩，以至和男人幸福美满、地久天长。可谁知道女孩哪里来那么多的时间？女孩，从早上起床要准备早餐，然后洗了衣服化完妆再急急忙忙赶去上班，之后再赶回来准备午饭，这样忙碌的一天，最后女孩多么想在男人宽大的肩膀上靠一靠啊！

女孩难做，好女孩更难做，可奔跑在事业前途上的男士们，又有几个能真正理解和体贴女孩的呢？你有在一天工作之后和女孩聊聊天吗？你有在吃女孩烧的菜的同时，说声谢谢和夸赞的话吗？你有在闲暇的时候陪女孩逛街、散步吗？否定这些，你就没有真正理解和关爱女孩。

人需要理解，女孩更需要理解，因为做女人比做人更难。

那么，女孩们，你们已经有了做一个好女孩的觉悟了吗？

控制情绪是成熟的最大表现

没有谁会喜欢一个动不动就歇斯底里的女孩，这样的女孩也注定得不到内心的平静和幸福。

一个女孩始终保持得体的风度很重要。曾经在大街上，见到一个打扮得非常时尚的女孩和自己的男友抑或老公吵得天翻地覆，甚至不顾路人频频的回眸。那一刻，连我看着都觉得羞愧，若是在平时，这应该是一个优雅得体的女孩吧？是什么让她变得如此歇斯底里、不可理喻？

其实，我们差不多都有过类似的经验，在平时的生活中，我们会遇到很多让我们不愉快的情绪，愤怒、悲伤、失望、内疚等等。其实有些时候并不是发生了什么大不了的事情，但是我们却会因此烦躁不安，虽然不见得就像上述那个女孩在当街发脾气，可还是会对我们身边亲近的人无理取闹。虽然事后会后悔，但当时就是控制不住自己。

其实，<u>冲动是最无力的情绪，也是最具破坏性的情绪，许多人都会在情绪冲动时做出使自己后悔不已的事情来</u>。对于我们来说，<u>自制是最难得的美德，成功的最大敌人就是缺乏对自己情绪的控制</u>。愤怒时，不能遏制怒火，使周围的人望而却步；消沉时，又放纵自己的萎靡，把稍纵即逝的机会白白浪费，一个女孩要想获得成功和幸福的关键是掌握控制自己情绪的能力。一个能够很好地控制自己情绪的女孩，总是安详而快乐的；而不是像那些容易冲动和后悔的女孩，总是被自己的坏情绪所左右。

美国密歇根大学心理学家南迪．内森的一项研究发现，一般人的一生平均有十分之三的时间处于情绪不佳的状态，因此，我们常常需要与那些消极的情绪作斗争。而情绪变化往往会在我们的一些神经生理活动中表现出来。比如：当你听到自己失去了一次本该到手的晋升机会时，你的大脑神经就会立刻刺激身体产生大量起兴奋作用的"正肾上腺素"，其结果是使你怒气冲冲，坐卧不安，随时准备找人评评理，或者"讨个说法"。

消极情绪不仅会影响我们的工作、生活，对我们的健康也十分有害，科学家们已经发现，经常发怒和充满敌意的人很可能患有心脏病，哈佛大学曾调查了一千六百名心脏病患者，发现他们中经常焦虑、抑郁和脾气暴躁者比普通人高三倍。

因此，可以毫不夸张地说，学会控制你的情绪是你生活中的一件大事。

当然，要想时刻保持情绪上的完美不太现实，可是至少，我们可以通过努力改进自己控制情绪的能力，从而让自己更好地掌控自己的生活。

对于一个普通的女孩来说，能够控制好自己的情绪就显得尤为重要了。因为，没有任何一个人会喜欢一个动不动就歇斯底里的女孩，这样的女孩也注定得不到内心的平静和幸福。

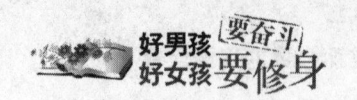

莫要做"怨妇"型女孩

比利时有句谚语:"跳舞不好的人,总是抱怨自己的鞋子。"

抱怨有时会令人愉快。想一想:如果我们不是在抱怨天气,抱怨我们的财政状况或者工作状况,那我们就在抱怨名人和他们的生活。电视节目在抱怨,报纸在抱怨,甚至是素昧平生的人和我们搭话,主要也是在抱怨和发牢骚,而不是聊一些其他的事。下面这些迹象能反映你是不是本年度的抱怨女王:朋友们建议你尽量往好的方面想,改变一下自己的思路;别人总是问你有没有说过什么积极的话;家人好心地帮助你,给你暗示,怎样才能做一个比较乐观、容易满足的女孩。抱怨能给人带来短暂的乐趣,而且基本上不用付出什么努力。不幸的是,抱怨让人非常沮丧、意志消沉,过一段时间之后,会让你成为大家避之不及的人。下面教你怎样把自己从抱怨的泥潭中拯救出来。

首先就是要停止抱怨。要注意看一下养成抱怨的习惯是多么容易。告诉自己,今天你不打算贬低任何人,不打算抱怨公共交通,也不打算为一些自己无法控制的事生气。如果不能一整天都做到这一点,那就选择某一个时间段,或者看看自己能不能至少在某一次谈话中什么都不抱怨。

当然,有些事是可以抱怨几声的。问题是,抱怨是一种消极的行为,因为你只顾着抱怨了,而不是做一些事以改变你所抱怨的情况。所以可以写封信、打电话给客户服务部，或者直接面对你要抱怨的人，指出他的不合理或者不友好的行为。

在每次的抱怨之前，先弄清楚自己多么爱抱怨，然后想一想，身边的人总是听你重复同样的话，会感到多么无聊啊！如果你必须把牢骚发出来，那就把它写下来。在抱怨之前，先停顿 10 秒钟，深深地吸一口气。推迟从嘴中说出抱怨之词，阻止抱怨，给大脑留出了足够的时间，去想一些积极的话。

每次想抱怨的时候就有意识地去寻找事情积极的方面。在脑子中找到另一件事，可以使自己从一个抱怨者转变成一个对什么事都更加积极肯定的人。在工作场所，这会让管理者对你另眼看待，因为这让他们把你看做是一位起积极促进作用的人。在社交方面，你的朋友和你在一起的时候，不但会更开心，而且会更愿意向你寻求支持。

每天允许自己抱怨 3 次。诚实点吧，一下子彻底不抱怨是不可能的，而且有时候，感情发泄出来比闷在心里要好。但是，要明智地选择抱怨的时机，而且要确保抱怨能给你想要的情感释放。

不要盲目乐观一下子洗心革面，万事都积极乐观起来，没有什么比这个更糟糕了；尽管打破抱怨的习惯是件好事，也不要以一种习惯彻底替换另一种习惯。

想一想抱怨给自己带来怎样的感受，如果就是不能阻止自己抱怨，那就想一想抱怨对你自己和自己的生活产生了什么样的恶劣影响。**研究表明，不停的抱怨会使情绪低迷、让人疲劳。**

尽量原谅别人不要死守着你的不快。有时候，朋友让我们失望了，上司又很无能，别人又没有信守对我们的诺言——这就是生活。与其抱怨，不如原谅他们，继续积极开心地生活下去，这比发牢骚浪费生命要简单得多。

女孩应心宽似海

一个聪明的女孩，懂得如何表现自己，成熟、优秀、文雅、娴静，各种气质与品位都可以在举手投足间得到最好的体现。聪明的女孩，可以没有惊艳的容貌，但不能没有清新淡雅的妆容；可以没有模特的形体，但不能没有匀称的身材；甚至可以没有优越家境的熏陶，但绝对不能没有与世无争、不争名逐利、闲适恬淡的处世态度，不能没有忍耐、理解和宽容的良好品质。聪明的女孩，不管何时何地，懂得以宽容的心去包容。<u>善解人意、宽容大度、胸襟开阔是好女孩所具备的品质，更是聪明女孩所不可或缺的品位</u>。"别为打翻的牛奶哭泣"是英国一句古代的谚语，与中文的覆水难收有几分神似。事情既已不可挽回，那就别再为它伤脑筋好了。

错误在人生中随处可遇，有些错误是可以改正，可以挽救，而有些失误就不可挽回了。面对人生中改变不了的事实，聪明的女孩自会淡然处之。很多时候，痛苦常常就是为"打翻了的牛奶"哭泣，常留心结，挥之不去。本来从容、豁达，行之不难，不是什么大智慧，现在却成了社会的稀有之物，成了大智慧，真让人三思。牛奶已经打翻了，哭又有何用呢？

<u>聪明的女孩需要爱更需要快乐，但快乐不是拥有的多而是计较的少</u>。人一生要遇到很多不顺的事，女孩同样如此。如果你遇事斤斤计较

不能坦然面对，或抱怨或生气，最终受伤害的只有你自己。林黛玉最后"多愁多病"含恨离开人世，薛宝钗得到了想要的男人。要知道，容易满足的女孩，才会更加幸福。

人生之中，不如意的已经太多，何不拣美好的、真诚的、善意的留在心底，常怀感恩之心看待身边的人和事，笑着面对生活呢？

聪明的女孩做事不斤斤计较，总是有能力把复杂的事简单化，简单的事单一化，用一颗平常的心热爱生活，无欲无求，荣辱不惊，这何尝不是一种快乐，不是一种满足，又何尝不是一种超然？或许你会说我"站着说话不腰疼"，但是，在人生中，有那么多的无能为力的事——倒向你的墙、离你而去的人、流逝的时间、没有选择的出身、莫名其妙的孤独、无可奈何的遗忘、永远的过去、别人的嘲笑、不可避免的死亡、不可救药的喜欢……与其悲啼烦恼，何不一笑而过？

聪明的女孩会用这些话勉励自己记住该记住的，忘记该忘记的。改变能改变的，接受不能改变的。 能冲刷一切的除了眼泪，就是时间，以时间来推移感情，时间越长，冲突越淡，仿佛不断稀释的茶。如果敌人让你生气，那说明你还没有胜他的把握；如果朋友让你生气，那说明你仍然在意他的友情。令狐冲说："有些事情本身我们无法控制，只好控制自己。"我不知道我现在做的哪些是对的，哪些是错的，而当我终于老死的时候我才知道这些。所以我现在所能做的就是尽力做好待着老死。也许有些人很可恶，有些人很卑鄙。而当我设身处地为他着想的时候，我才知道：他比我还可怜。所以请原谅所有你见过的人，好人或者坏人。

快乐要有悲伤作陪，雨过应该就有天晴。如果雨后还是雨，如果忧伤之后还是忧伤，请让我们从容面对这离别之后的离别。微笑地去寻找一个不可能出现的你！死亡教会人一切，如同考试之后公布的结果——虽然恍然大悟，但为时晚矣。

你出生的时候，你哭着，周围的人笑着；你逝去的时候，你笑着，而周围的人在哭！一切都是轮回！人生短短几十年，不要给自己

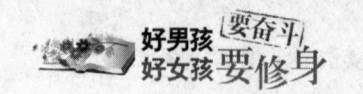

留下什么遗憾，想笑就笑，想哭就哭，该爱的时候就去爱，无谓压抑自己。当幻想和现实面对时，总是很痛苦的。要么你被痛苦击倒，要么你把痛苦踩在脚下。

生命中，不断有人离开或进入。于是，看见的，看不见的；记住的，遗忘了。生命中，不断地有得到和失落。于是，看不见的，看见了；遗忘的，记住了。然而，看不见的，是不是就等于不存在？记住的，是不是永远不会消失？我不去想是否能够成功，既然选择了远方，便只顾风雨兼程；我不去想，身后会不会袭来寒风冷雨，既然目标是地平线，留给世界的只能是背影。后悔是一种耗费精神的情绪。后悔是比损失更大的损失，比错误更大的错误，所以不要后悔。心胸宽广说来奇怪，女孩的心胸具有极大的伸缩性，这大概也算是世界之最了吧。

女孩的心可以宽阔似大海，也可以狭小如针鼻儿。生活中，相当一部分女孩心胸比较狭小。但是，有其深刻的社会历史原因：一是长久以来的社会分工。母系氏族社会崩溃后，由于生理方面的原因，女孩的活动范围被限定在了较小的空间内。二是漫长的封建社会对妇女的歧视。几千年的封建社会给女孩制定了许许多多苛刻的行为规范，女孩必须足不出户，女孩必须笑不露齿，女孩必须循规蹈矩，女孩不能够上学受教育，女孩必须在家从父、出嫁从夫、夫死从子。说不清从什么朝代开始，女孩还必须包裹成小脚。女孩的思维和行动范围被严格规范在了庭院以内。女孩视野的狭窄决定了其目光的短浅和心胸的狭小。心胸狭小是很多女孩的致命弱点。从小处来说，心胸狭小不利于建立和谐温情的家庭关系，不利于形成良好融洽的人际关系；不利于身体和心理的健康。从大处来说，心胸狭小不利于女性家庭地位、社会地位的提高，不利于女性的彻底解放，不利于女性在事业方面的进步和发展。

聪明的女孩知道如何去做一个心胸开阔的女孩。聪明的女孩会站得更高一些，扩大自己的视野。当我们近距离盯住一块石头看的时候，它很大；当我们站在远处看这块石头时，它很小。当我们立在高山之颠再来看这块石头，已经找不到它的踪迹了。有了更宽广的视野，就

会忽略生活当中的很多细节和小事。**聪明的女孩努力学习，做生活和事业的强者**。嫉妒总是和弱者形影相随的，羸弱而不如人，便会生出嫉妒他人之心。

女孩应当自尊自强，用自己的努力和能力去证实和展示自己。女孩为什么不能像男人那样也成为一棵大树呢。聪明的女孩学习正确的思维方式，学会宽容别人。和丈夫发生不愉快时，多想想丈夫对自己的恩爱；和朋友发生不愉快时，多想想朋友平素对自己的帮助；和同事相处不愉快时，多想想自己有什么不对。看别人不顺眼时，多想想别人的长处。聪明的女孩会设身处地替别人考虑，遇事情多为别人着想，多去关心和帮助他人。聪明的女孩会加强个人修养，主动向身边优秀的人学习，善于取他人之长补自己之短，培养独立和健全的人格。

另外，多参加健康有益的社会活动和文娱活动。心胸开阔、性格开朗、潇洒大方、温文尔雅的女孩，会给人以阳光灿烂之美；雍容大度、通情达理、内心安然、淡泊名利的女孩，会给人以成熟大气之美；明理豁达、宽宏大量、先人后己、乐于助人的女孩，会给人以祥和善良之美。聪明的女孩，知道如何去做一个心胸开阔的女孩。

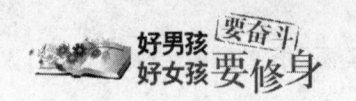

自谦的女孩不自卑

从古至今,谦虚的人无论到了哪里都会受到欢迎,而且无论是温润如玉的谦谦君子,还是知书达礼的窈窕淑女,谦虚都会衍生出一种温婉恬淡的柔和之光,让人没有办法拒绝。所以,谦虚表面看似是退让,实际在退让的过程中已经得到了自己想要的东西,那就是好感。

女孩们在人与人,尤其是与陌生人的交往中需要具备这种谦虚的品质,因为在人的潜意识当中都喜欢温和无害的东西,对任何带有攻击性的事物都会产生抵触心理。谦虚正是将自身的锋芒收起,以一种无害的姿态呈现在别人的眼前,所以更加容易让人接受和喜爱。女孩们如果想在社交过程中受到别人的青睐和喜爱,就应该让自身具备这种素质。

虽然,现代社会越来越注重自我的表现和个人能力的表达,但是这种表达也是有技巧的,并不是你标榜自己如何有能力、有才华,别人就会照单全收、一致认可的。别人并不是傻瓜,你的能力究竟如何还要看时间的验证,但是你的夸夸其谈和骄傲自大首先就已经让自己的形象大打折扣了。因为,在每个人的心目中都有一种对自我的盲目崇拜,你在对方面前把自己抬得这么高显然是在无形中打压对方的形象,因此不受欢迎也是情理之中的事情。学会婉转谦虚地表达自己,既要说明问题又能表现出一种深藏不露的神秘感,才会让你更有吸引力。

懂得自谦的女孩往往平易近人，因为她已经将自身的娇气、傲气和浮躁气统统过滤掉，所以呈现出来的是一种平和之气，这种气息让接近她的人感觉到一种安定和平静。跟她相处会很舒服，因此就让人愿意跟她在一起，于是她才会那么受大家欢迎。当然，谦虚并不代表她没个性、没脾气，更不代表她忍气吞声。相反的，正是因为她有个性她才懂得将自己的脾气收敛起来。这是一种自我控制的能力，只有真正有能力的人才能完全掌控自我。所以，自谦的女孩绝对不是被动地忍气吞声或者委曲求全，而是她已经掌握了整个局势，知道怎样做才是进退有度、才能解决问题。

说到这里，女孩们恐怕已经意识到，自谦其实是一种自信而绝对不是自卑。自卑是因为害怕自身能力不足或者暴露缺陷导致的负面心理，而自谦是因为能够把握自己、把握局势的进退有度、胸有成竹，自谦不仅不是自卑，而且是非常自信的表现。

自谦的人能够看到别人的长处，同时也不会抹杀自己的长处，他们不掩饰自身的不足，所以可以光明正大地学习别人的长处来弥补自己的短处。而自卑的人往往看不到自己的长处，即使自己有长处也会在别人的优势面前将这种长处抹杀，他们觉得自己一无是处，所以在和别人交往中害怕别人看到他们的不足而遮遮掩掩。因此，尽管自卑的人也能看到别人的长处，但是却因为在掩饰内心不安和自信心不足的情况下，认为别人的优点自己根本没有办法学到。

自谦表现出的心态是正面和健康的，而自卑表现出的心态是负面和消极的。这种负面消极的心态使得自卑的人在和别人交流的过程当中表现出明显地退缩，因为内心的害怕和不安，让自己的思维完全没有逻辑，所以谈话的内容含含糊糊，眼神也游移不定。这就让和你谈话的人感觉到非常吃力，而且你的态度明显表现出自己根本就不行，所以你给人的印象当然就会大打折扣了，越是不想被别人轻视就越容易被轻视了。

女孩们当然都希望自己的美好形象能够深入人心，那么你就要将自卑的心理从脑子里剔除出去，树立自己的自信。不管对面坐着的那个人是谁，都不会影响你清晰的思路；也无论对面的人是达官显贵，还是对面小区收垃圾的，你也都可以做到谦恭有礼、不骄不躁。因为你知道在比你强的人面前你没有什么好炫耀的，在不如你的人面前你的炫耀也只会表现你的心虚和浮躁。你很清楚：你够自谦是因为你不自卑！

自信是女孩最好的装饰品

古龙曾经说过一句非常经典的话："*自信是女孩最好的装饰品。一个没有信心、没有希望的女孩，就算她长得不难看，也绝不会有那种令人心动的吸引力*。"这句话生动地说明了自信对女孩的重要性。

一个自信的女孩不一定非要有闭月羞花的容貌，玲珑有致的曲线，鹤立鸡群的气质，但她依旧可以吸引众人的目光，博得众人的喜爱。当代女性作家毕淑敏曾这样阐释过女性的自信之美。"*当我们说一个女孩是美丽的时候，我们的心里更多地感受到她的温暖、亲切、美好和快乐，她接受并喜欢自己的性别，她是自信、坚定、自爱和爱他人的*。"

的确如此，一个自信的女孩会开心快乐地尽情享受生命的乐趣，又能清醒地保持灵魂的明净。

一个自信的女孩是最好的朋友。她可以为朋友排忧解难，她冷静、透彻、聪明、豁达，可以敞开胸怀来拥抱你，供你取暖得以慰藉，完全不必担心她会对你冷嘲热讽，也不会对你的事情如长舌妇般四处搬弄。她胸怀宽如大海，绵绵情意如春风，能包容你的愁苦，能吹散你的愁云，给你带来轻松愉悦。

一个自信的女孩是最好的恋人。她爱你，包容你，关心你，体贴你，她给你足够的个人空间，让你来去自由却不能不被她的爱意所深深

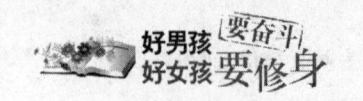

缠绕，她在你眼中永远眼神明亮，神采奕奕，折射出让你欲罢不能的魅力，时刻感受到她无限的温馨和柔情蜜意。

一个自信的女孩是最好的妻子。她体贴在外奔波劳苦的丈夫，回家会捧上一杯热茶，闷闷不乐的时候会拥抱他，让他感受到妻子那母亲般的呵护和疼爱。她绝对不会胡乱怀疑自己的丈夫，信任他，支持他，丈夫是那高飞的风筝，无论他飞多高多远，她手里都有一根无形的风筝线来引他回家。

一个自信的女孩，不一定是女强人。女强人的雷厉风行不可一世总使人敬而远之。而自信的女孩却没有这样的特点，她们或者刚强，或者柔弱，或者中性，但都使人易于接近、喜欢接近。刚强的她们，会露出豪爽的一面，用一份坦诚与爽朗使你心悦诚服；柔弱的她们，总容易使人们对她心生怜爱，继而心甘情愿为她做事；中性的她们，长袖善舞，无论男女都对她欣赏佩服，那便更是源于一分自信的洒脱了。

当然，女孩也不是生下来就如此自信，完美无缺。一个女孩最初可能胆怯，可能自卑，可能做事畏缩不前。但是，随着岁月的流逝，不断地成长和进步，塑造自身，她就能够不断完善自己，将自己塑造成完美可爱的女孩。

有一个寓言，它说在某小镇上有一个非常穷困的女孩子，她失去了父亲，跟妈妈相依为命，靠做手工维持生活。她非常自卑，因为从来没穿戴过漂亮的衣服和首饰。在这样极为贫寒的生活中，她长到了十八岁。在她十八岁那年的圣诞节，妈妈破天荒给了她二十美元，让她用这个钱给自己买一份圣诞礼物。

她大喜过望，但是还没有勇气从大路上大大方方地走过。她捏着这点钱，绕开人群，贴着墙角朝商店走。

一路上她看见所有人的生活都比自己好，心中不无遗憾地想，我是这个小镇上最抬不起头来、最寒碜的女孩子。看到自己特别心仪的小伙子，她又酸溜溜地想，今天晚上盛大的舞会上，不知道谁会成为他的舞伴呢？

她就这样一路嘀嘀咕咕躲着人群来到了商店。一进门，她感觉自己的眼睛都被刺痛了，她看到柜台上摆着一批特别漂亮的缎子做的头花、发饰。

正当她站在那里发呆的时候，售货员对她说，小姑娘，你的亚麻色的头发真漂亮！如果配上一朵淡绿色的头花，肯定美极了。她看到价签上写着十六美元，就说我买不起，还是不试了。但这个时候售货员已经把头花戴在了她的头上。

售货员拿起镜子让她看看自己。当这个姑娘看到镜子里的自己时，突然惊呆了，她从来没看到过自己这个样子，她觉得这一朵头花使她变得像天使一样容光焕发！

她不再迟疑，掏出钱来买下了这朵头花。她的内心无比陶醉、无比激动，接过售货员找的四美元后，转身就往外跑，结果在一个刚刚进门的老绅士身上撞了一下。她仿佛听到那个老人叫她，但已经顾不上这些，就一路飘飘忽忽地往前跑。

她不知不觉就跑到了小镇最中间的大路上，她看到所有人投给她的都是惊讶的目光，她听到人们在议论说，没想到这个镇子上还有如此漂亮的女孩子，她是谁家的孩子呢？她又一次遇到了自己暗暗喜欢的那个男孩，那个男孩竟然叫住她说：不知今天晚上我能不能荣幸地请你做我圣诞舞会的舞伴？

这个女孩子简直心花怒放！她想我索性就奢侈一回，用剩下的这四块钱回去再给自己买点东西吧。于是她又一路飘飘然地回到了小店。

刚一进门，那个老绅士就微笑着对她说，孩子，我就知道你会回来的，你刚才撞到我的时候，这个头花也掉下来了，我一直在等着你来取。

这个故事结束了。真的是一朵头花弥补了这个女孩生命中的缺憾吗？其实，弥补缺憾的是她自信心的回归。

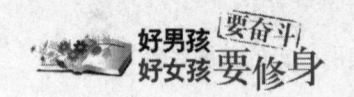

而一个人的自信心来自哪里？它来自内心的淡定与坦然。

孔子说，"仁者不忧，智者不惑，勇者不惧。"（《论语·宪问》）内心的强大可以化解生命中很多很多遗憾。

自信的女孩，拥有的东西不一定很多，但是，她却拥有一份富可敌国的财富——自信，这是一份永远不为外人夺取、永远属于她自己的财富，罩在她身上，成为最美丽的魅力。

尊重身边的每一个人

《伊索寓言》中有这样一则故事：在一个炎炎夏日里，忽然刮起了一阵微风，把一只正在草地上觅食的小蚂蚁刮进了池塘里。眼看着它就要被淹死了，树上的一只鸽子发现了，它想："好可怜的一只小蚂蚁，不行，我得赶紧救它出来！"于是，鸽子连忙将一片树叶丢在了离小蚂蚁很近的地方。很快，小蚂蚁爬上了那片树叶，漂到了岸边，它得救了。得救后的小蚂蚁没有忘记鸽子的恩情，它在心里一遍一遍地对自己说："多亏了好心的鸽子相救，我一定要想办法报答它的恩情！"

有一天，一个猎人来树林里打猎，他看到正在树上打盹儿的鸽子，就用枪瞄准了它，可是鸽子并不知道危险正在一步步地靠近，一点儿反应也没有。这一幕正巧被前去觅食的小蚂蚁看到，它想自己报恩的机会来了。于是，它就在猎人的腿上狠狠地咬了一口，疼得猎人一哆嗦，枪走火了，子弹打偏了，鸽子被枪声惊醒，赶紧拍着翅膀飞走了，就这样，小蚂蚁也救了鸽子一命。

看完这个故事，你肯定会想："原来小蚂蚁也是不容忽视的，它在关键时刻也可以帮大忙！"谁说不是呢？动物世界是这样，人类世界也是如此。每一个人，不管他的职位高低、身份贵贱、财富多少、能力大小，都有他存在的意义和作用，都是不容忽视的。

你在日常生活中，可能很容易去尊重你的上司，尊重那些名门望族，尊重那些高高在上的人。可是，你往往会忽视你身边的某些人，比如那些打扫卫生的阿姨，或者那些传达室的老大爷。你觉得他们衣着简陋，面容沧桑，根本就懒得拿正眼瞧他们，更不用说去尊重他们了；你觉得和他们打招呼、说话简直让你有失身份，会掉了你的身价。

但是，也许有一天，你会为你的势利行为付出代价。

李晓晓是个气质高雅的女孩子，可是在她的出众容貌下面却有着一颗势利霸道的心。在她眼中，除非是那些很出众的人，或者是能力很强的人，否则她统统瞧不起。

有一天，她到一家公司去面试，整个面试过程都很顺利，面试官对她的表现很满意，让她回去等通知。当她离开之前去了趟洗手间，出来的时候，却把手提包落在了里面。这时，正好有一个阿姨进来打扫卫生，看见了她的手提包，就拎出来说："谁的手提包忘在这里了？"这时，正在洗手的李晓晓看见阿姨戴着塑胶手套的手拎着自己那名贵的手提包，别提有多厌恶了，平常她连看都不愿意看一眼的人，现在居然拎着她那价值不菲的手提包。她一把从阿姨手中夺过手提包，怒气冲冲地说："你这个人怎么这样，怎么能用你那脏兮兮的手拎我的包，你知道我的包有多贵吗，弄脏了你赔得起吗？真是讨厌死了！"

阿姨感到很委屈，她说："我好心好意地把你差点儿弄丢的包给你拿出来，你却这样说话，你这人怎么这样？"李晓晓一听更是火上浇油，和阿姨大吵起来。正当她们吵得不可开交时，刚刚面试过她的一个主管忽然从洗手间的一个门里走了出来，李晓晓的脸一下红了，赶紧拎着手提包往外走。

回到家里，李晓晓觉得不对劲，担心以后工作时主管会就今天的事情说什么。可是，她的担心是多余的，因为她已经没有机会再去那家公司工作了。她的行为已经让主管改变了决定。第二天她接到主管的电话，在电话中主管说："我认为你不适合在我们公司工作，因为我们公司是不会接纳一个不懂得尊重别人的人的。"

短短的几句话，让李晓晓后悔莫及。

真心奉劝年轻的女孩子不要戴着有色眼镜去看人，学会尊重你身边的每一个人。你敬人一尺，人敬你一丈。你不尊敬别人，看似你把对方踩在了脚底下，可是你的形象却会因为你的行为变得丑陋起来，你的恶劣态度会折射出你的低素质、低修养。

不要认为在他们面前你没有必要表现得那么高雅，也没有必要体现你的修养，也许某天你的恶劣行为就会被那些对你来说很重要的人看到。人生处处是考场，不要有任何侥幸心理。

与其等到某一天，你因为不尊重人的行为而受到严重影响，倒不如从现在做起，关注细节，让自己变成一个有修养、有礼貌的人。尊重每一个人，即使是传达室的大爷和打扫卫生的阿姨，他们也都是你的考官。要想给自己的人生打上一个满意的分数，就赶紧行动吧！

第九卷：永藏睿智的魅力达人

魅力女孩是充满书卷气息的，有一种渗透到日常生活中的不经意的品位，谈吐中超凡脱俗；有一种不同于世俗的韵味，在人群中超然独立；有一种无需修饰的清丽，超然与内蕴混合在一起，像水一样柔软，像风一样迷人。拥有内涵的女孩是美丽的。

把握梦想的高度

作为女孩,可能你还没有邂逅奇妙的爱情,但必须怀抱美好的梦想;可能你还没有找到适合的工作,但必须坚定美好的梦想;可能你还没有平衡好家庭与事业的关系,但必须牢记美好的梦想。因为梦想是女孩的宝贝,要像疼爱宝贝那样去珍惜自己的梦想,不要随意丢弃,不要轻易放弃,更不要将它遗忘在岁月的角落里不理不睬,任厚厚的灰尘封住那四射的光芒。

拥有梦想的女孩,就是一只拥有矫健翅膀的鸿雁,可以自由翱翔;拥有梦想的女孩,就像一叶逍遥的轻舟,可以乘风破浪;拥有梦想的女孩,就如一朵能在四季绽放的鲜花,永远娇艳动人。梦想经过女孩天性浪漫的大脑,可以为灰色的现实点缀上一抹绚丽的粉红。

女孩不能没有梦想,没有梦想的女孩就像是一颗放入口袋的钻石,失去了光芒;女孩不能拒人于千里,没有亲近性的女孩永远只是隔岸的花火,一接近就会受伤。

女孩不怕相貌平庸,才情淡泊,只要你还有梦想,就是一道迷人的风景。但倘若你是一个破罐破摔、完全"放弃自己"、不对自己的内在以及外在做任何努力的女孩,那就很可怕了。面对这样的女孩,就像面对一间灯光昏暗的房间,无法激起内心的任何热情;无意间进去的人都恨不得立刻转身出来,连想在里面多待一会儿的心气儿都没有,更别提高歌一曲或热舞一场了。

风华正茂的女孩是十分动人的，一颦一笑未加任何修饰就足以虏获男人的心，可一旦迈入成熟，眉眼间的风情万种和让男人做梦的魅力就得靠许多的努力来支撑了。

女孩都钟情于"梦想"这两个字，它蕴含了渴望和追求的双重意义，就像情窦初开的少男少女遇见心上人时，那种在睡梦中都能流露出来的甜蜜笑意，那种在梦里都想拥有的炙热渴望。其实，不管老少，不论性别，任何刚堕入情网的人都是一样的，总惦记着能朝夕相守，短暂的分别都是莫大的折磨，还要期待能在梦里相见。

可是令人遗憾的是，许多情侣在结婚后、甚至相恋多年后，当初那种令人悸动的撩人情愫早已灰飞烟灭。女孩们常常嘟着嘴抱怨，男友或老公对自己的热情和殷勤就像飞逝的时间一样逐渐苍老陈旧。其实，激情不再的问题症结就出在"梦想"这两个字上。

不难发现，爱情处在寻觅和试探的阶段时，是最让人动心的。因为还不确定，所以必须全神贯注；因为心里不踏实，所以必须亦步亦趋；因为还没得到，所以才魂牵梦萦。可一旦大局已定，两人在固定的关系中，遗失了那份渴望和追求的动能催化剂，此时的爱情，就好像放在口袋里的钻石一样，不如当初陈列在橱窗里时那么璀璨夺目了！如果，女孩能够很好地将自己悬在一个梦想的高度上，纵使有朝一日青春不再，自己尚有一颗理解生命、成熟智慧的心，依然可以快乐地保养自己，充实自己，在同龄人中保有梦想高度的绝对优势。

女孩们，请把握好梦想的高度，既拥有不易被摘取的等级高度，同时又有价格上的亲和力。<u>所有让人回味无穷的美丽女孩，都有一个重要的人格特质，那就是：温暖。</u>温暖的微笑、温暖的语言、温暖的态度、温暖的心胸。带着尖刺的玫瑰固然明艳照人，却无人能在她的身旁安然入睡。多么美丽高傲的女子，也终有年华老去的一天；只有温暖善良的女子，才能牵动男人内心深处的悠悠情怀，使其在为生活努力拼搏的战场之外，找到可以回归心灵的世外桃源。

保持童真的美好

女孩们，也许你曾经为自己人到中年还依然天真单纯而感到惶恐不安，总害怕在这个勾心斗角的社会里被伤害、被淘汰。其实，人能够保持童真是一种十分难得的状态，因为这种状态其实是人的内心真正渴望的、心神向往的状态。也许这种状态经受不住社会竞争的考验，但它绝对是生活里最美、最真、最自然的生存景象。

保持童真，这本身就是一种智慧，更是一种快乐和幸福。

田玫参加工作已经三年多了，可性格还是像个孩子。都说职场里人际关系复杂，同事之间不好相处，可在她这里完全没有这些麻烦。田玫从小就是一个简单的女孩，现在还是那样，高兴的时候手舞足蹈，生气的时候吹胡子瞪眼，和谁相处都很轻松。即使有暂时的不愉快，过上一会儿就都会烟消云散，好像从没有发生过一样。好在同办公室的人时间长了都了解她的脾气，也都见怪不怪。相反，还都很喜欢她。

有一次一个同事结婚，办公室里的人都是五百一千地送红包，只有田玫，居然买了一个一人高的加菲猫送去了。结果虽然大家都哭笑不得，但结婚的那个同事却真的很高兴。红包里包的只是人情往来，可这个礼物却是真正发自内心的情意。其实田玫今年已经 27 岁了，加上工作时间也不短了，怎么说也不该是这样的孩子性情了。可朋友们谁都喜欢她现在的样子，大家都说："田玫，你以后最好就保持现在的娃娃性

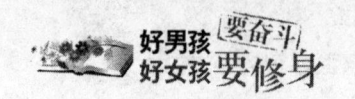

格，否则我们的生活就少了一道风景了。"田玫的男朋友有时候也很奇怪，自己这么成熟，可为什么偏偏会爱上这么个"小丫头"呢？她似乎从来就没有真正愁过、苦过、算计过。也许这正是田玫的可爱之处。

比起上面故事中的田玫，生活中的我们是不是就显得有些苦、有些累、有些苍老、有些复杂了呢？很多女孩都说："女孩天生是弱者，如果自己再不多长几个心眼儿，那不是等着被欺骗、被打压、被淘汰吗？"可回头想想，童真就是软弱吗？我们都成熟、都现实、都心眼儿多，我们就是生活中的强者了吗？我们就过得幸福快乐了吗？

生命就像是溪流中的鹅卵石，随着时光的流逝，所有的棱角最后都会被水流磨光。而生命的载体我们每一个人就是那些鹅卵石吧，即使棱角还未被磨光，在我们的身上也已经有了被打磨过的痕迹了。在时光的洪流里，我们已变得越发圆润，童真已逐渐被圆滑所取代。许多人却会美其名曰：成熟。你若是不改变或不愿改变，则有可能被讥笑为"天真"或"不识时务"。此时，若是个爱追究的人，定会发出这样的感慨：原来成长的过程就是一步步失去童真的过程啊！

是啊，我们长大了，成熟了，学会了用更快捷、更方便的方式去了解这个世界；却忘了世界时时在变，只有我们用心看，用心体会，我们才会真正了解这个世界。我们学会了忍让，学会了共享，学会了这些美好的品质，却丢弃了童真，丢弃了所要寻觅的事物！这是成长吗？为什么我们丢弃了我们本身还能成长？

作为女孩，童真是最好的青春保鲜剂。放下圆滑世故，放下机关算尽，放下奸诈狡猾，以自然的纯真去看待这个世界吧。这样，哪怕遭遇困难坎坷，我们也能乐观度过。你见过一个孩子因为放风筝时摔跤了而闷闷不乐吗？虽然我们的脸上不能永远光滑，但我们的心却是永远年轻的，永远那么火热，永远充满激情。保持一点童真吧，只有这样，我们才能更好地享受生活，而不是被生活压倒。

童真是美丽的，拥有童真是幸福的。那么，在日复一日年华老去的过程里，我们该如何保持自己的童真呢？

保持童真应该是自然的情趣，一种健康明朗的人生态度。有的人明明很功利，很现实，甚至很奸诈，却硬要把自己伪装出孩子般天真的样子。这种天真不是童真，这是一种虚伪和狡猾，是童真的反面。而那些虽然年事很高，但是能够真的拥有一颗童心的人。他们对生活充满积极乐观的态度，想唱就唱，不假装去推让，这才是真正的宝贵的童真。这样的童真，才是令很多人都羡慕和尊敬的。

保持童真，首先要有一颗爱心。这里所说的不仅包括爱别人，也包括爱自己，同时还包括爱生活、爱大自然，爱所有一切值得爱的事物。这样，在我们的眼里，就会感受到一切都是美好的，一切都是值得感恩的。如此一来，我们就会轻松地找到自己的生活，快乐地去创造属于自己的人生。

保持童真，真诚也很重要。真诚地表达自己的情感，真诚地对待自己和朋友，少一分矫揉造作，多一分真情实感，也是能保持童真的一种方法。

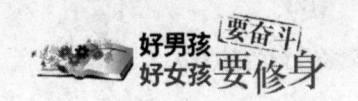

读书令女孩更完美

英国作家毛姆曾经说过:"世界上没有丑女孩,只有一些不懂得如何使自己看起来美丽的女孩。"现代女性早已抛弃了旧有的保守观念,学会了在忙碌与优雅中积极地生活。化妆是女孩尽显风情、魅力的不错途径,正所谓"淡妆浓抹总相宜"。然而,女孩的真正魅力不是时髦,而是内在修养,通过修养打造一个货真价实的自我,通过读书培养一种区别于他人的品位。因此,我们说书籍是女孩永恒的化妆品。

书籍是完美女孩一生必备的东西。吸收就是成长,女孩只有在书中不断地汲取养分,才能一步一步地成长起来,成长的不仅会是年龄、阅历、经验,更重要的是女孩自身独有的韵味,那种魅力是任何人都无法模仿的,也是任何化妆品都无法装扮的。因为,用书籍装扮自己,会比眼花缭乱的服饰和五颜六色的彩妆更有深刻的美丽内涵。

高尔基曾说过:"我扑在书籍上,就像饥饿的人扑在面包上一样。"由此可以看出书籍抚慰人们心灵的作用。

然而,读书却不会像良药治愈病人、面包解除饥饿那样马上见效,这也许是很多人没有坚持读书的原因吧!女孩读书还是不读书,在几天之内甚至几个月之内是看不出来的,但是经过岁月的磨炼,随着时光的流逝,总有一天你会发现原来有那么一些书对你是如此重要的。

在我们的身边经常会看到这样的女孩,尤其是女学生,她们整天沉迷于风花雪月、描眉打鬓之中，而从不把心思放在认真地读完一本书上，大好的时光就这样白白浪费了。象牙塔里是温暖的，然而社会上的竞争却是残酷的，很多不读书的女学生在走上工作岗位之后，才发现自己的知识是如此匮乏，甚至对很多领域都一无所知，这时才想起来"恶补"，恐怕为时已晚。相反，那些平日里珍惜时间，养成良好读书习惯的女孩，在职场中的优势显而易见，她们的知性魅力令很多男同事开口称赞，自然会得到上司的信任和嘉奖。这也是为什么很多学生在学校里看不出多大的差异，但工作之后却拉开了很大距离的原因。

日子要一天一天地过，书要一页一页地读。书籍像微波，由内而外深深地加热我们的心灵，精神分子的结构才会发生变化，这时书的效力才会彰显出来。一口吃个胖子是不可能的，读书应循序渐进，坚持不懈。书籍像化妆品一样能把女孩装扮得更加魅力四射；书籍与化妆品还有所区别，那就是它没有保质期的限制，是女孩永恒的化妆品，因为读书会让女孩终生受益。

化妆要讲究技巧，读书也要讲求方法。盲目地读书不如不读书，一本好书会像优质的化妆品一样为你增光添彩；而一本坏书则像劣质化妆品一样会减弱你美丽的光彩，甚至会对你自身造成伤害。积极向上的书籍总能给人自信，增加你前进的力量；消沉抑郁的书会把人带入黑暗之中，让人摸不清方向，越看越迷茫。颓废是一种美，但长久地颓废下去就会变成悲哀。当然我们不是说深沉的书籍就一定不要去摸去碰，而是要把握好度，有判断、有选择地读。只有培养良好的读书习惯，你才会神采飞扬，魅力四射。

女孩读书才完美，阅读的女孩是美丽的女孩，读书、爱书的女孩才会更完美。何谓"完美"？长相出众的女孩，我们仅仅可以说她是外表较完美的女孩，而只有内外兼修、秀外慧中的女孩所流露出的韵味，展现出的风姿，才是完美的。作为女性，她在历史上的生存空间本来就比男性狭小，因此更需要通过读书增长知识，开拓视野，加强自身的内在修养。只有这样，女孩才可能在社会上立足，打造自己的一片天空。

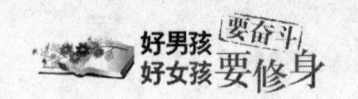

在易卜生的《培尔·金特》中，有一位叫索尔薇格的少女，培尔·金特在思念她时，总是想到她手持一本用手绢包着的《圣经》的形象；在昆德拉的《生命不可承受之轻》中，特莱萨留给托马士的印象是她手里拿着一本《安娜·卡列尼娜》。两位男主人公心里思念、爱慕的女孩虽然不同，但是她们却有相同之处，那就是她们都是读书的女孩，易卜生和昆德拉都赋予她们特定的动作——持书，这说明书让她们产生了一种情调和韵味，这种韵味让人久久难忘。它能超越具体形态的美丽，而不被任何衣着或化妆强化或弱化，更不会被衰老剥夺。

不读书或不爱书的女孩，不是完美的女孩。书籍所能给予我们的东西太多了，知识、智慧、理想、梦想、情趣、修养、爱情……一个不读书的女孩要比爱读书的女孩缺少如此多的东西，她怎么还能称得上是完美的女孩呢？

读书的女孩最美丽。高尔基说过，"学问改变气质"，由此可以看出读书是气质女孩的精神源泉。

读书的女孩，会用聪慧的心、广博的知识、善解人意的修养和真诚的爱，将美丽深深地刻在内心深处，不经意地在举手投足间流露出来，成为一道永远都不过时的美丽的风景。

爱书的人，常常视书籍为自己的精神伴侣，难怪古人有"书中自有颜如玉"的说法。与书为伴，就是与知性相伴，与美丽相随。漂亮与美丽其实不是一回事：一幅不够标致的面容可以有可爱的神态，一双不够漂亮的眼睛可以有美丽的眼神，一幅不够完美的身材可以有端庄的礼仪和举止，这一切都源于灵魂的丰富和坦荡，而这丰富和坦荡则出自书籍。

读书分两种：一种是被动读书，一种是主动读书。前者是恨书者，后者是爱书者；书对于前者来说是负担，而对于后者来说是精神支柱。被动读书的人把书看成是上学时老师让我们背的枯燥的文章，而主动读书的人把书看成是淘金者挖到的最宝贵的财宝，从二者的心态上就可以看出他们收获的多还是少。

气质女孩应该是个主动读书的人,是个爱书者。只有你对书籍投之以热情,你才会得到书籍给予你享用一生的回报。书籍回报你的不仅仅是知识、智慧、力量,更是永远都不会退色的完美。

一个人如果没有知识,大脑就会变得麻木,就会像没有水源的土地,不久就会变为沙漠。现代女性应该多读书,学习各个方面的知识,从而丰富自己的内涵。

内涵是现代女性最应该具有的品质。在如今这个高科技发展的时代,多种美容、健身手段,甚至整形手术已经渐渐地进入我们的生活,外表美丽不再是梦想。然而正因为如此,男人欣赏女孩的角度也渐渐地从外表的美丽转向知性美和内在美。现代女性要想拥有丰富的内涵就必须多读书。

爱读书的女孩,无论走到哪里都会是一道亮丽的风景,世界因为女孩而美丽,女孩因为读书而更加完美。

读书的女孩,头上永远都闪耀着智慧的光芒,这种魅力是不会被时间剥夺的,它不会像红颜那样易随时间消逝,而是会成为伴随女孩一生的财富和资本。读书的女孩,心灵永远都宽广如蓝天,平静如湖水,她们在书籍的包围之中,学会了宽容、博爱、善良、理解,这种内在的修养永远都不会被任何人夺走,她们的魅力不会被任何人所替代;读书的女孩,外表会以优雅的气质吸引男人,而内心会以坚强、独立的性格征服男人,她们的外柔内刚是男人永远都无法拒绝的魅力,更是女孩一生追求的品质。

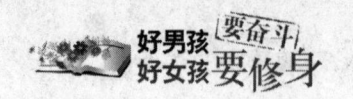

快乐女孩收获幸福

*世界上没有一个人，每一天的日子都晴空万里，一个乐观聪明的女孩懂得去寻找快乐，并放大快乐来驱散愁云。*遇上高兴的事，她会迅速传达给亲人和朋友，在分享中让快乐的情绪感染更多的人。她不会为自己和家人设置心灵障碍，不会让琐碎的各等小事杂陈心头，她会定期消除心里的垃圾。

有一位禅师非常喜爱兰花，在平日弘法讲经之余，费了许多的心思和时间栽种兰花。有一天，他要外出云游，临行前交待弟子：要好好照顾寺里的兰花。

在这段日子里，弟子们总是细心照顾兰花，但有一天在浇水时却不小心将兰花架碰倒了，所有的兰花盆都摔碎了，兰花散了满地。弟子们都因此非常恐慌，打算等师父回来后，向师父赔罪领罚。

禅师回来了，闻知此事，便召集弟子们，不但没有责怪，反而说道："我种兰花，一来是希望用来供佛，二来也是为了美化寺里环境，不是为了生气而种兰花的。"

禅师说得好："不是为了生气而种兰花的。"而禅师之所以看得开，是因为他虽然喜欢兰花，但心中却无兰花这个挂碍。因此，兰花的得失，并不影响他心中的喜怒。

在日常生活中，我们牵挂得太多，我们太在意得失，所以我们情绪起伏，我们不快乐。在生气之际，我们如能多想想："我不是为了生气而工作的。""我不是为了生气而教书的。""我不是为了生气而交朋友的。"记住一句话：生气是用别人的过错惩罚自己。不值得。

其实快乐无处不在，生活中充满快乐：买到自己喜欢的漂亮衣服；吃到自己想吃的美味食物；想睡的时候睡一大觉；想玩的时候，尽情去玩；有自己喜欢的宠物，有无话不谈的知己⋯只要有其中之一，能够随心所欲，就可以算有令人快乐的理由了。

在生活里，有许多东西是人无法改变的；或者说，与其你要改变生活里别的东西，不如改变自己。比如说，痛苦与欢乐总是不期而至，一般人就是将其一生的愉悦只寄托于外界事物上，比如财产、地位、女人或男人、朋友、父母、子女、社会等，一旦失去了这些，便是个打击，令人失望，一个人的幸福和快乐的所有根基也就随之毁坏了。类似于这样的将个人的重心都交付于人的每个欲念和幻想，交付于世俗的认同和他人的评判，而不把重心放在自己的身上，与人类的快乐的根源相距遥远。

如果一个女孩快乐的根源就在于金钱和由金钱带来的地位、豪华和挥霍的生活，那并不是很难的，尤其是对于漂亮女孩来说，有几幢别墅，几辆名车，几匹好马，几个有趣味的朋友，再加上旅行。这所有的快乐根源都是根植于外在事物里的。我们可以把这个女孩比作是一个依靠药水甚至是大滋大补的灵丹妙药而重新获取健康的病人，她一旦离开药罐就要一命归天。

一个女孩，没有出众的美貌；没有可供其挥霍的金钱；没有显赫的地位；没有显著的才华；有某些爱好却并不精于此道；有某种特长却并不很吃香；做一些学问，读一些书本，看得懂一些事情，想得明白一些问题；没有激情就感到生活的冗长无味，一有激情就感觉到生活的苦痛沉重。这就是女孩。做女孩的乐趣，也是在这痛苦里滋生的。

女孩在被迫接受某些不得不接受的痛苦时，在执行自己和他人的意志或命令之外，女孩还要有能力让自己过另一种日子，聪明地改变自己

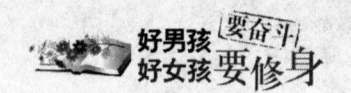

又主宰自己的生活。

　　快乐的女孩钱不多，但有的是闲暇、闲情；也许你没闲暇、闲情，但有的是剩余的力量，有多余的精力与体力，有健康来创造时光和生命，有心智来创造愉悦和激情。**快乐的女孩，首先要做的，就是找到自己最情愿做的和最容易做的事。**

　　人们通常会说：幸福是一种抽象的感受，而研究得出结论，幸福与年龄、性别和家庭背景无关，而是来自这样的一份轻松的心情和健康的生活态度。

留守自己的艺术之心

生命短暂，艺术永恒，艺术会带给我们很多东西。多去接触文学和艺术，生活需要精神上的支撑与引导。

有些女孩宁愿拿出大把大把的时间来看那些冗长的电视剧，也不愿意走出去看看画展，听一听音乐会。她们和别人聊天的时候，最多的话题就是搬弄是非，八卦新闻，从来说不出什么有见地的话。但是有些女孩，却总是走在时代的前端，和她们聊天，会觉得是一种享受，因为她们说出来的话你会觉得很有格调，也很受启发。无论是音乐、绘画还是文学，她们都能发表一些自己的看法和见解。她们之间的差异其实和有钱没钱没什么关系，也不在于容貌的好坏，而是在于对艺术的态度以及艺术在她们生活中的位置。

那些谈吐不俗的女孩基本上都在一定程度上热爱着艺术，并让艺术成为自己生活中的一部分。其实艺术这个词，说大就大，说小就小，它是音乐、绘画、摄影、文学……可是它也总出现在我们的身边，比如电影、书籍、歌曲……艺术修养是一个女孩内在素质的重要体现，是一个女孩可以享用一生的财富。有些女孩总是认为艺术感觉和艺术修养是与生俱来的，实则并非完全如此，艺术修养不是天生的，它需要在艺术欣赏和才艺学习中逐渐培养和锻炼起来。接触各种艺术形式，参加丰富的艺术活动都能够提高一个人的艺术修养。

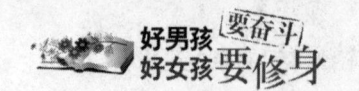

女孩若想让自己的生活变得更有格调，让自己的生命更加精彩和丰富，就一定要让自己成为热爱艺术的女孩。生命短暂，艺术永恒，艺术会带给我们很多东西。多去接触文学和艺术，生活需要精神上的支撑与引导。

热爱艺术并不是做给别人看的，不是附庸风雅，也不是拿出来作秀，热爱艺术是与生活息息相关的。正是对生命和生活有着极度的热爱，她们才会对艺术有着浓厚的兴趣，并让自己的生活充满着艺术的气息。

也许有人怀疑热爱艺术的必要性，因为不少人都认为，对于赚钱来说，艺术那些东西实在是可有可无的，等有钱了一切都不是问题。但是，就算以后赚了很多钱，也不见得就懂得创造和品位高雅地生活。你要知道，富有和有品位绝对是两码事。

在我们的身边，什么都会背叛，可是艺术不会。哪怕全世界所有的人都背过身去，音乐、绘画、文学还是会和你窃窃私语，它们是我们最忠实的朋友。它们都是有生命的，因为各种艺术的源泉都来自于生活、社会中的一切。伟大的艺术家都是用他们的生命刻画艺术，每件艺术作品中都注入了他们的灵魂。他们热情、他们执著、他们通过艺术表现人们心底的呼唤。他们的作品得到后人敬仰，缘于作品来自生命燃烧的鲜活。他们表现出他们的情感、思想，带动更多人的思考，这些思想是可以传递的，热情也是可以感染的。当我们走进艺术的世界里，你会在和艺术的对话中学会独立，学会用自己的感受去激活生命，那是一种生命与心灵的接力。

我也喜欢和热爱艺术的女孩交往，从她们的身上总是可以流露出纯真、趣味、智慧的光芒。我的一些女性朋友们，有的喜欢音乐，闲暇的时候会去听一场音乐会；有的喜欢绘画，时不时地也会去看看画展，兴致好的时候自己也会画点作品，送给自己的朋友或者装点自己的房子；还有的喜欢看电影，差不多搜集了所有的国内外的经典影片……从她们的身上，我感受到了对生活的那一份热爱，我知道，对于艺术的热爱来自于她们的心底,来自于很简单的那一份喜欢。

生命之路并不顺畅,坎坷和不快都会出现在我们的眼前,但我们无论遇上什么,艺术都会给我们带来安慰。聪明上进的女孩从不容自己陷入容貌的囹圄。她们让艺术成为自己生活中的一部分。艺术所带来的情怀与抚慰,远远比你想象中的还要多。

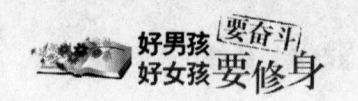

内涵是青春永驻的美

每个女孩都想自己貌美如花,可是这个玩意儿爹生娘养,似乎由不得自己做主。于是,一些容貌美丽的女孩便以此为傲,认为自己长得美便高人一等,一味注重自己的外表形象,而不去追求自己的学识与修养。

<u>事实告诉我们,美女并不一定受人欢迎。而一个有文化有内涵的女孩,是谁都不会讨厌的。如果你美艳如花,又拥有智慧、优雅、博学,那么,每一个人都乐意成为你的朋友。</u>

下面这个女孩子很有意思,她的成长经历或许能带给你一些启示。

她叫可欣,出身平凡,但长得漂亮,爱慕虚荣,好逸恶劳。她对于自己的美貌相当自信,认为自己终将钓到金龟婿。

她先请形象设计师给自己设计了美丽的形象,包括举手投足的礼仪,之后,她四处参加有钱人的派对,并且把自己定位于贵族的身份,然而,半年下来,有男人请她吃饭,也不乏有男人第一次见面称赞她漂亮完以后,委婉地发出鱼水之欢的邀请。她不愿意那样,她要的是爱情,是幸福。

她认为这些百万富翁不够品位,跟暴发户没两样,自己一定要嫁给精品男人。她将自己的征婚启事贴在一个财富论坛上,之所以贴到这里,是因为这里聚集了金融大鳄,各种各样的财富男人。

她在征婚启事上这样写道：

我是一个长相漂亮举手投足高贵的女孩子，希望能在这里结识一位优秀的好男人，他的条件如下：拥有百万以上个人资产，本科以上学历，儒雅、博学，喜欢唐后主李煜的诗，懂得爱惜呵护女性，有情趣，浪漫。

她以为，这样的征婚启事发出去以后，每天向她应征男朋友的有钱男人会踏破她家的门槛，打爆她的电话，争相一睹她的芳容。结果却是，打电话的，没有一个是百万富翁，都是些贫穷又无聊的男人。

不过，其中倒是有一个百万富翁，只是他并非为应征而来。他对她说：你不会找到一位理想的投资人。虽然我就是你要应征的最理想男人，但我不是来应征的，更不会对你投资。我可以肯定的告诉你，符合你应征要求的男人，他们对你的征婚启事是毫无兴趣的。

她反驳说：你错了，我是在找一位情投意合懂得呵护美女的丈夫，不是投资人。

一个道理。请问现在有几个百万富翁前来应征？！一句话击中了她的要害。

为什么？她自己也禁不住同男人探讨起这个问题。

你的征婚信，这样写：我是一个年轻貌美的女孩子，举止优雅、高贵，喜欢花钱，更爱挣钱。我有一个一年之内能赢利五百万元人民币的投资项目想与人合作，所以，希望结识一位拥有一千万以上个人资产、本科以上学历、儒雅、博学、喜欢唐后主李煜的诗的男人。估计，不是你的电话被打爆，而是如果你不答应那些陌生的有钱男人，他们会因此绑架你。

这个男人接着说：一个男人能挣下千万家业，能从穷小子拼打成为千万富翁，是因为他具备一定的投资理念和能力。他们对于市场的把握张弛有度，知道投资什么值得，投资什么不值得。商人的目的就是赚钱，他不会拿很多的钱买一个无用的东西，并且每天都要花费高额的养护费用。对于他们来说，你能带给他们什么好处呢？

你既不是他们事业上的伙伴，也不是能带给他们激情的女孩，你的美貌于他们而言，只是一个视而不见的摆设。所以，他们对你的征婚并不感兴趣。如果你的脸蛋令他们赏心悦目不说，还能在一年之内赚五百万，如果不是智慧超群就是天才，这样的女孩哪有男人不喜欢的道理？

听完这个男人的话，可欣沉默了良久。

可欣的故事告诉我们：职场不欢迎花瓶女，但欢迎既有文化又有智慧更有美貌的女孩。美貌会随岁月老去，化为乌有。智慧却会随岁月的老去而增值，创造出无数令你意想不到的财富，也会让一个原本平凡的女孩更加富有。

这样的女孩，才是真正的美女。

女孩难得的是智慧

<u>人生就是一场投资，如果你不是靠脸吃饭的艺人，那么美貌的升值潜力随着时间流逝而递减，学识与智慧的升值潜力却随着时间的变化而递增</u>。美人儿的人生之路不见得顺畅，聪明的女孩却可以少走弯路。

聪明和漂亮，你选哪一个？

如果让你选择，聪明和漂亮，你会选哪一个呢？我知道，对于任何一个女孩来说，这都是一道难题，没有哪个女孩不希望自己兼具美丽和智慧。可是，若真的智慧与美貌无法兼得，只能选择其一，你怎么选呢？

有过这样的一个社会调查："你择偶的标准是什么？"被调查者是未婚白领男性，调查结果显示，他们的首选是"聪明、乖巧"，而不是容貌。调查发现，男白领择偶观念更加理性化，在聪明和容貌两个选项中，大多数人首选前者。这是一个严谨的学术调查，它反映出，在越来越趋于理性化的今天，一个聪明的女孩远比一个只拥有美貌的女孩更有市场。

人生就是一场投资，美貌的升值潜力随着时间流逝而递减，学识与智慧却随着时间的变化而递增。对空有美貌的人来说，时间更残酷，

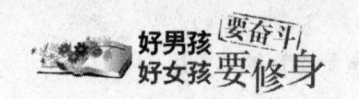

"美人迟暮"最让人感到悲哀了。聪明的女孩则无须惧怕时间，因为她们懂得怎样提升自己的品位和气质，她们懂得如何提升自己的魅力和保持自己的魅力，聪明的女孩会让自己随着年龄的增长而不断增值。

我们的身边，有许多这样的女孩，她们不漂亮，可是她们非常吸引人，和她们接触得越久，就越能感受到她们的身上所散发出来的魅力。她们聪慧、优秀，她们的身上有着女孩该有的美好和独立。

思语就是这样的女孩，初次见面，不会觉得她漂亮，也不会觉得她特别。可是接触得越多，越发现她的厉害之处。思语有一个优秀得让人骄傲的老公，她自己也是电视台里一档优秀新闻节目的制片人，获奖无数。这样一档日播的新闻节目，每天要应对、处理很多棘手的问题。在我们看来，这些问题足以弄得一个女孩焦头烂额，可是思语却处理得极好，说话仍是轻声细语。

她和老公各有各的事业，却又彼此支持，相互帮助。思语能够走到今天，拥有这么好的家庭和事业，和她的聪慧是分不开的。美人儿不见得拥有这样的完满，聪明的女孩却可以做到，这就是智慧的力量。

做个有智慧的女孩，经营好自己的人生。

我们常常会问一个问题，这个世界到底公不公平？很不幸，答案是否定的，这个社会有很多事情都不是公平的，比如有的人含着金汤匙出生，一切都在家人的安排下，丝毫不用为生活发愁；有的人却出身贫寒，要为自己的生存奋力打拼。虽然不公平，有许多东西我们也无法改变，那么我们所需要做的就是接受现实，努力地适应这个社会。

虽然像出身、容貌、背景等等是我们无力改变的，可是，还是有许多东西是我们自己能决定的，比如努力学习，接受更好的教育，用自己的聪明才智好好安排自己的人生，命运至少有一半是掌握在我们自己手中。我知道有不少的姿色中等的女孩，常常抱怨为什么父母没把自己生成一个美人儿，常常假想自己再漂亮一点生活会是什么样子。可是我想说的是，这绝不是一个明智的想法，即使一个漂亮的女孩也并不一定能得到完美的爱情和成功的事业，那是需要自己用心用智慧去完善的东西，也并不是拥有了美貌就能打动你身边的人。

　　美人的人生之路不见得顺畅，聪明的女孩却可以少走弯路。毕淑敏就说过，<u>女孩难得的是智慧</u>。

第十卷：恋爱锦囊妙计

女孩的命运，好像一直是单薄和被动的：等着别人赏识、等着别人采摘。非得这样吗？越来越多的漂亮女孩，跳出了强悍的男人世界，游刃有余地扮演着各种角色——包括爱情。她们在爱情里更柔软、更丰沛，却丝毫没有楚楚可怜之态。自信、坚强，更有风致。

爱好自己才能去爱一切

常听到别人说：**女孩要爱别人，首先要学会爱自己**。但在实际生活中，很多女孩，这一生为了家庭，为了孩子，付出的很多，等到年华逝去的时候才发现原来忽略了自己，此时往往悔之晚矣。所以，女孩在自己的有生之年要对自己好一点，莫到头来空悲切！

晓娜是毕业后独闯北京的湘妹子，和许多"北漂"一族类似，晓娜租住在郊区年头较长的一间旧楼房里，每天起早贪黑的往返于公司和住处。对于这样的生活，晓娜虽然谈不上满足，但也算生活得很踏实。大概正是这样一种心理，使得晓娜对于逛街、看电影这样的事一概"不感兴趣"，即使每天的晚饭也都是自己回家后简单做一点，时间晚的话就干脆煮包方便面凑合一顿。这样的生活状况一直伴随了晓娜半年多。要不是妈妈从老家来到北京，晓娜很可能还会停留在对自己的"虐待"里。当妈妈看到她的衣着打扮和消瘦了不少的模样就知道了女儿是怎样生活的了。晚上躺在床上她和女儿聊了很多，她说："晓娜，你从小就节俭，现在工作了还是没变。有节省的理财意识是好事，但是不要节俭过了头。你现在还不明白，我们是女孩，女孩的青春是最宝贵也最短暂的，你要知道爱自己，对自己好一点，要懂得对得起自己的青春，享受年轻的日子。你知道，我和你爸爸离婚前和你差不多，节俭、朴素，很少打扮自己。离婚以后我才觉得后悔，觉得以前对自己不够好，苦了自

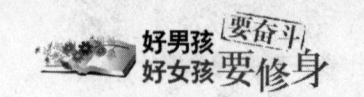

己，从那时候起我就完全想开了。"听着妈妈的话，晓娜想了很多。

应该说这个故事中的晓娜是个懂事的女孩，知道以后的路要靠自己来走，不想过分依赖妈妈，懂得节俭懂得理财。但是，正如她妈妈所说的那样，她也确实还不够成熟，不懂得生活。在漫漫的人生路上，她还有些青涩和稚嫩。晓娜妈妈说得很好，女孩，就要对自己好一点。

女孩要学会善待自己，不要太压抑。女孩天生就比男人活得累，工作不比男人做得差，家务事不比男人做得少，每个月还得承受生理期的疼痛，而且还得生孩子，承受十月怀胎之苦。而这些，只有你自己才能体验，别期望男人能"感同身受"。所以，女孩要学会说不，不要处处都顺着男人，那样他反而会觉得你懦弱，没主见。不要一天到晚都打电话问他在哪儿，干什么，和谁在一起，那样会让他觉得没有他你就活不下去了，你也会很累的。相反，你也要学会给自己找事做，玩得开心，过得轻松。

作为女孩，要活得自信，要活得潇洒，要懂得宠爱自己。有些女性生性爱干净，每天就像陀螺般转啊转，一刻不得闲，把留在家里的精力都花费到了整理房间上，往往累得没有了好心情。所以不要太累，要给自己留点时间。偷得浮生半日闲，保证你的心情一定会焕然一新。女孩最常说的一句话就是：下辈子说什么也要做男人。其实，只要懂得爱自己，做女孩又有什么不好？

不妨给自己制订一个计划，双休日分一天在家里做家务，另一天留给自己，当然少不了逛街购物，再安排一下美容护肤或者美发护理，你将发现这一天会过得很开心。尤其当你买到称心的衣服，对着镜子欣赏自己时，那时的你是如此美丽，如此自信，如此快乐！

每一个女孩都应该懂得：爱别人时，有八分就足够了，要知道留两分给自己。

女孩永远都有忙不完的家务和生活琐事，不必刻意去追求完美，偶尔也要稍微"懒散"一下。女孩一定要学会放下一些琐事，适当给自己放个假，使自己的心情保持在良好的状态，在轻松惬意中度过美好时

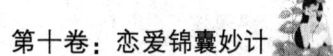

光，去更好地面对工作、生活。女孩一定要对自己好一点，关爱身体，珍爱自己的健康。健康的女孩才是最美丽的，美丽更因健康而丰富多彩。健康是一个女孩幸福的基石，只有保持健康的身心，才能用最大的热情去工作，去成就女孩心中的梦想，让你的生活更加幸福快乐。

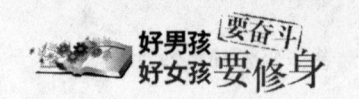

聪明女孩不演"情人"角色

情人之间特别容易诞生誓言，但无论情人之间怎样海誓山盟，都无法逃脱最终分手的结局。当克林顿抛下胖妞莱温斯基，挽起希拉里的手，在公众面前相吻时，就已经看到了"情人关系"让位于政治命运的现实。其实，不仅"政治能冲垮情人"，金钱、荣誉同样能将"情人关系"冲击得支离破碎。这道理不仅适用于男人，同样也适用于女孩。但男人尤甚，他宁肯相信一脸平白的妻子的十句假话，也要对情人泪湿衣襟的爱语深入思考以期找出疑点。

情人关系是脆弱的，尽管也有爱的成分，但起因却很漂浮。因失意，因激情，当然也因爱，都可能诞生情人关系，而一旦上述这些前提丧失，情人关系的基础也就动摇了。再说，情人关系从一开始就不稳固，这种关系之间时刻伴随着谎言，尽管有的谎言是不得已而为之，因为没有办法，谎言是偷情的外衣，否则怎么还需用誓言来作序言呢？夫妻则不然，因为它的誓言有婚姻做注解。

情人的角色就像春天最美丽的花，盛开得饱满，消逝得也迅速。当你爱上一个男人，最好远离情人的角色，它一时让你得到快乐，却让你背负永远的心痛。

一旦两个人成了情人，便不再感到轻松透明。两个人之间有了种说不清的责任，便会自然地向对方生出许多要求。也许这种要求很正常，可当他满足不了你时难免会伤心惆怅，你便会陷入情绪的漩涡难以自拔。情人的角色因见不得天日而产生一种不安全感，甚至在患得患失中失去自我。而失去自我的女孩总会失去曾经夺目的魅力。

然而，与男人做朋友却是痛快淋漓的，你是你自己的，你和他之间也许有一种情愫，但这种感情不会让你迷失自己。你们都有各自的生活，你不会过多地要求对方，你也不会为他昼夜难眠。你会分享他的快乐，分担他的痛苦，你们会在一起喝酒，开一些粉红色的玩笑而不会觉得累。

当你成为他的朋友，他会视你为一笔财富。他在你面前轻松自然，他在快乐与烦恼时会想到你。他会欣赏你的独立、你的思想，他会回味你的笑容、你的神韵，他会因你的鼓励而积极工作，他愿意让你见到一个成功而光芒四射的男人。

情人之间太敏感，因为彼此距离太近而失去朦胧的美丽。情人的眼里揉不下一粒沙子，一粒在显微镜下才能看到的沙子也能将两颗细腻的心磨损。而朋友却意味着宽容，让彼此感到愉快。

如果说情人让男人感到烦心的话，他便会到朋友那里去倾诉。情人是沉重的，朋友却是轻松的；情人意味着眼泪，而朋友却是头顶的阳光。

聪明的女孩，如果一个男人吸引了你，你千万不要去做他的情人。因为很多男人都太健忘，他会忘记你以前的灿烂与美丽，他会将目光移向别人，而对你熟视无睹。你可以选择做他的朋友，从你选择的那一天起，他便会对你刮目相看，他便再也忘不掉你。

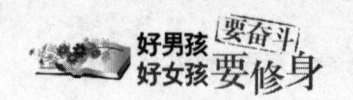

放弃吃回头草的"他"

两人分手之后又重新复合的故事不在少数，而且主动的往往是男孩。花里挑花，越挑越差，挑到最后没发现什么更好的，于是就往回瞅两眼，看看以前的花是被人采了还是留在原地。泼出去的水收不回来，可惜男孩不是水，更像是个回旋镖。这镖回旋的程度有轻有重，轻的就是从心里回旋一下，时常唏嘘感慨一下旧日时光；重的就直接跑回来，要求恢复关系。

女孩面对这样的男孩是比较犯难的。不接受吧，从感情上说不过去，毕竟以前有过那么多甜蜜的回忆，一时半会儿没法儿彻底扔掉，何况内心还存着点儿"浪子回头金不换"的侥幸；接受吧，又明明知道感情已经破裂，重圆的破镜总是会有裂痕的。思来想去，最后也弄不明白到底该怎么办。

照我看，回头的男孩千万不能要，除非你有十成的把握能幸福美满，可是人往往连自己都把握不了，更别说把握别人了。当初选择分手，如果男孩是经过慎重考虑的，那说明你们之间必定存在着某种难以调和的矛盾；如果男孩是一时冲动，那至少说明这个男孩不够成熟，性格上存在缺陷。现在他提出要复合，更说明他是一个优柔寡断，摇摆不定，软弱无主见的男孩，至少很难说他是一个百分百爱你的男孩。

好马不吃回头草，反过来说就是吃回头草的必定不是好马。这个

"好马"可以指男孩，也可以指女孩，女孩不要当坏马，也不要接受坏马。为什么呢？懂得了男孩的心理，这个问题就不难解释了。

男孩的回头，很多时候都是虚荣。也就是说，他不一定是看清楚了你是最好的，只是一种衣不如新、人不如故的思想在作祟，我们称之为怀旧。怀旧只能是一种情绪，不要让它成为事实。因为怀旧的男孩所眷恋不舍的只是曾经的某种感觉，不见得就是某一个人。往往分了又合的感情难以长久，就是因为根本的矛盾从来就没有解决。如果说分手是冲动，那分了又合则是更大的冲动。

如果你够倒霉的话，还可能会碰上两种品质差的男孩，一种就是分手之后暂时没找到更好的，觉得有个女孩总比没有好，于是因为无法忍受一个人的寂寞就回头了，以便夜里有个温暖躯体供自己免费寻欢。另一种就是明明已经找到新欢，还时不时给你发两条信息，打几个电话，关心一下旧情人，如果你不幸上了道儿，那他就可以脚踩两只船了。别觉得我心理阴暗，这种人现在比比皆是。

感情的世界里，男孩和女孩是平等的。对于想来就来，想走就走的男孩，女孩最好还是别给机会，不然你惯他一次，他就给你来第二次，得寸进尺是人类的一贯秉性。如果你接受了他，他的感恩可能只是一时的，热乎劲儿过了就觉得你好欺负。所谓敢爱敢恨，就是说一旦认定一个人，就要把心思全放在他身上；一旦决定离开一个人，就走得彻底干净。同时也劝爷儿们一句：吐了就别再趴到地上舔，人在江湖飘，这是道义问题。

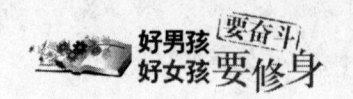

经济独立是你的骄傲

有工作的女孩就有了独立的资本和前提，那么不妨让自己更进一步，连男人的钱都别花了吧。一个女孩想要在人格上保持独立，在经济和思想上就必须是独立的，除了要有工作作为经济独立的保障之外，也要在思想上抛开依赖男人的观念，学会为自己买单，才能过真正有品质的生活，才不会像《玩偶之家》的娜拉一样变成一个漂亮的玩偶，绝了自己的退路。

作为受过良好教育的女孩们，自己有手有脚、有能力、能挣钱，干嘛要眼巴巴地去花男人的钱，甘心做一个附属品呢？男人愿意为你花钱说明他喜欢你或者对你有所图，但是你不能仗着这点就觉得那是理所当然的。男人们都不是傻子，如果得不到应有的回报，没有人会为你一直心甘情愿的买单。即使是热恋中的男女和已经步入婚姻的夫妻，如果你只是在依靠你的男人，那也会为你们的爱情和幸福埋下潜在危机。男人会觉得你离开他活不了，就算他认为自己应该对你负责，对你不离不弃，那也只是责任和习惯，而并非爱情，时间长了难保不出现个三年之痒、七年之痒的。

所以，有人说："爱情的保质期是和你钱包的薄厚成正比的。"女孩们想要爱情长久，就得自己先争气，别让你深爱和原本也深爱你的男人

觉得自己成了你"会行走的提款机",觉得自己神圣的爱情是被利用并亵渎了。

当然,所谓的不花男人的钱,并不是让各位美女每次出去吃个饭都要拼了老命地抢着去结账,那样只怕除了破坏掉你的优雅气质和伤害那个男人的自尊之外没有任何好处。所以,对于男人们的殷勤大多数时候笑纳即可,偶尔礼尚往来,男人也会欣然接受。

我们所说的不花男人的钱,自然不是指这些带着些许浪漫情怀的约会花销,鲜花、巧克力、毛绒玩具人家要送你就尽管收着,这些小礼物也是爱情传达的必要途径嘛。但是如果礼物的价值多到会让你的瞳孔放大的话,比如钻戒、车子、房子,而且不是以结婚为前提,或者你还没想要把自己嫁掉的话,那咱还是别要了。那些东西已经贵重到烫手的地步,接了你就得掂量着拿什么还,要是还不起,就少不了"以身相许"的种种手段。价格变了性质也就变了,你花人家的钱越多,等量的,你要付出的回报可是就要越大的。

如果不想欠别人太多就少花人家的钱,就算不是为了要显示自己是自尊自立、能力超强、不屑花男人钱的"大女孩",也要计算好成本、评估好代价,省得到时候得不偿失,让自己陷入进退两难、难以取舍的地步。

聪明的女孩懂得权衡利弊,不会指望天上掉馅饼又正好砸到自己头上的美事发生,因为概率太低、赔率却很大。也许每个女孩都在期待白马王子的奇迹出现,从此过上一劳永逸、衣食无忧的幸福少奶奶生活。但是,想归想,真正做的时候还是得掂量着来,因为童话式的结尾永远是静止的,而你的生活却依然要进行。<u>想要永远幸福下去,男女之间的差距就不能太大,女孩也只有经济独立了才能真正缩短和男人之间的距离</u>。就像舒婷《致橡树》中所写的那样:"我必须是你近旁的一株木棉,作为树的形象和你站在一起我们分担寒潮、风雷、霹雳;我们共享雾霭、流岚、虹霓"。

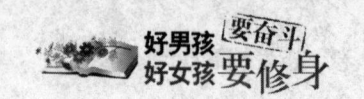

聪慧如舒婷者懂得人格的独立性才是保证爱情长久的不二之选，你若想获得幸福又怎么可以不劳而获、坐享其成呢？还是振奋精神，努力赚钱，为自己买单吧。当你看到有一个女子，手上拿着最新一季的普拉达手包，而脸上毫无愧色地说："漂亮吗？我自己买的！"你是不是也觉得她活得挺帅的呢？

恋爱使人成长

恋爱，是青春的一个印记，是人生的一堂课，在这门课里，女孩除了收获风花雪月、甜蜜浪漫外，还能学到许多课堂上学不到的东西。

真正的恋爱并不是十全十美的，正像法国剧作家尚福尔说的一样："爱情似乎并不追求真正的完美，甚至还害怕完美。它只因自己所想象的完美而欣喜，正像那些只能在自己的善行中发现伟大之处的国王一样。"恋爱中的男女就像新车磨合一样，需要彼此适应，在这个适应的过程中，有矛盾，有误会，有猜忌，有争吵，有泪水，甚至有分手。

都说恋爱中的人都是小心眼，很容易冲动。"下课和你并排走的那个女孩是谁？"；"昨天晚上你为什么不给我打电话？"；"发短信你为什么不回？"这些鸡毛蒜皮的小事在情侣的眼中都变成了"滔天大罪"，成为"男女战争"的导火线。恋人间的小吵小闹是最正常不过的现象。男孩和女孩在相遇前，不仅成长经历、生活习惯不同，甚至连性格脾气、思想观念都会有很大的差异。恋爱后，由于两人朝夕相处、接触频繁，难免会发生摩擦、碰撞，于是论辩或争吵在所难免。

关于吵架，有好处也有坏处。好处是，一场激烈的语言交锋后，大家对彼此的思想观点、心理活动有了进一步的了解。曾有一个男孩这样戏谑女朋友："吵一次架，比跟你谈十次话更能了解你。"在屡次的争吵

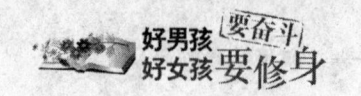

中，有些恋人确实能增进感情。不过，很多时候，吵架的负面作用更明显一些，它会使恋人意气用事，说出一些互相伤害的话语，很多恋人就是在频繁的争吵中分道扬镳的。

既然摩擦在所难免，那么恋人就要学会灵活处理在相处过程中产生的大小矛盾。

其中，耐心是非常重要的。耐心地等待怒气消失，耐心地等待彼此冷静下来，耐心地等待对方理解自己，耐心地等待迟来的道歉，耐心地等待互相适应。这个过程可能很短，只是一两个小时；这个过程也许较长，需要泡制一杯柠檬茶的时间；这个过程也许非常长，可能是一辈子。

宽容，是恋爱的基本守则。与对方确立恋爱关系，便意味着要学会接纳对方，其中包括对方的缺点与不足。有时候，对他的不满只是源于对他的不理解，甚至只是一些谣言与偏见。在爱情的世界里，需要用宽容做缓冲剂，给彼此互相成长的空间。宽容对方，也就是善待自己。不要随便对爱情说放弃，因为爱情有时候就只需要自己的那一点点宽容。

信任，让恋爱更稳固。没有信任的恋爱就像一座没有地基的大厦，遭遇一场风雨袭击，便会轰然倒塌。要做到彼此信任，就要经常互相交流，不随便猜疑，不给自己设置心理障碍。"常相知，不相疑"，恋爱时，这句话是真理。

爱情是脆弱的，尤其是校园中的爱情，它没有经济条件做基础，它没有亲朋好友来呵护，它就像一块易碎的玻璃制品，不经意间就会被摔破，七零八落的，很难收拾。所以，当女孩遇上了真正的爱情后，一定要学会珍惜，不要轻易把它放弃。司汤达说过："只要你爱着人，你就不会反省。一旦反省，就再不会恋爱。恋爱住在台风里。恋爱会使一切痉挛。倘使有一瞬静寂的时间，恋爱便会死掉。"由此可见，恋爱不是静止不动的，它是一种危险的交锋，它是一个漫长的过程，在这个过程中，一定要学会善待对方，一定要学会经营爱情。

　　爱情的结构很复杂，它需要双方的互敬、互助、互谅、互让。当女孩做到这点，那么她便在恋爱这门课程中获得了高分，获得了成长，等待她的也许是一段风雨相携、共赴白首的爱情。

偶尔修理你的男友

每个女孩都希望自己能找个优秀的男性，可惜这世界上优秀的男性太少。大家都想白拣现成的，可是狼多肉少的事实总让很多女孩失望再失望。但是无论怎么失望，绝大多数女孩总是要嫁人的，换来换去总不大合适，女孩的青春经不起这么折腾挥霍，换不了几个就人老色衰了，最后因为自己的身价跌落而导致退而求其次。怎么办？聪明的女孩会选择修理自己的男性：你不优秀没关系，我把你变优秀。

要想雕琢一个男性，首先需要女孩有相当的眼光，可以看出来这个男性是否具有可塑性。如果挑选了一块璞玉，那经过雕琢打磨，自然可以价值连城；如果是块朽木，那只能越凿越烂。

现实中这样的成功例子很多，比如贝克汉姆和维多利亚。小贝当年也就是个底板儿不错会踢弧线球的青涩小伙子，据辣妹称，贝帅当年甚土，经常把裤腰提到肚脐儿以上，但经过辣妹的一番修理改造，现在的小贝已经是男女老少人见人爱花见花开，潇洒游走于球场和时尚界的超级巨星，可以说如果没有辣妹，小贝凭借自己的本事很难达到目前这个高度。

再比如李安和林嘉惠，李安成名之前曾在家白吃了六年干饭，靠媳妇儿养活着，充其量也就是个怀才不遇。六年之后李安一鸣惊人，这里面林嘉惠的功劳绝对小不了。他们之所以成功，就是因为女孩选择了一个具有可塑性的男性,并成功地加以修理改造,不仅成就了一个优秀的男性,也成就了一段佳话。

很多时候,一个女孩对一个男性的一生可以起到决定性的影响,关键是你怎么去影响,怎么去帮助他成长。这是个技巧问题。如果当年林嘉惠什么也不说,心甘情愿地准备养李安一辈子,那估计李安就会越磨越懒,最后沦落成一个纯宅男;如果林嘉惠整天怨妇一样唠唠叨叨,估计他早就自暴自弃了。

男性大多吃软不吃硬,所以聪明的女孩懂得哄男性,哄不是放纵,而是诱导他走向一条正确的道路。修理男性跟教育小孩子差不多,以鼓励点拨为主,奖罚分明,必要的时候要实施一点强硬手段,女孩过于柔软就把握不了男性,过于强硬就会把男性吓跑,这其中的分寸一定得拿捏好。修理是在原有的基础上进行小幅度的引导改造,绝非回炉重塑。人和人之所以有区别就在于不可或缺的独特个性,你要手拿板斧不分青红皂白一顿大砍大剁,那好端端一个活蹦乱跳的爷们儿就让你给废了。人无完人,不是每一个缺点都可以修理,只有那些影响他前途,影响你们幸福的缺点,才需要你下毒手。什么缺点是必须修理的呢?

其一是安于现状,不思进取。男性没什么不能没理想,不思进取的男性是最可悲的。女孩要激发男性的奋斗欲望,鼓励甚至可以刺激他不断前进,但不要让他背负很大的压力,告诉他大胆地开拓进取,即使失败了,你仍然会爱他,相信稍有点自尊的男性都不会对这样的声音置若罔闻。

其二是影响健康的嗜好。身体很重要,人挂了说什么也没用,所以女孩得管制。烟可以抽,少抽,酒可以喝,少喝,直接逼他都戒了也是不太现实的,得循序渐进,聪明的女孩知道深浅。

其三是缺乏自制力。一个随心所欲没边儿没沿儿的男性是不可能成大事的,风流倜傥只是年轻时候的事,你要跟他过一辈子,他倜傥不起来的时候你会跟着他一起傻眼,既然他控制不了自己,那女孩就多念念紧箍咒,毕竟自己的男性好了比什么都好。女孩寄奢望于自己找到一个

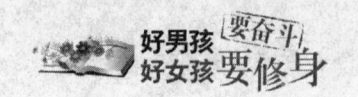

现成的极品，相当于等待天上掉金砖，可惜天上不太经常掉金砖，偶尔掉一个估计也几乎没可能砸到你。与其仰着脖子等金砖，不如练就一身点石成金的本事，女孩如果不懂得修理男性，那多半不会幸福。

　　<u>爱他你就修理他，放弃这个权利，就等于放弃了自己的幸福。如果不幸遇到了又臭又硬的，修理了几次没成效，别浪费时间，马上拔腿走人，死磕的下场只有两败俱伤。</u>

危险的"女追男"行为

在爱情的角逐场上，男人是主动出击的猎手，女孩是四处躲闪的猎物。所以，在千百年来制定的爱情法则里，男追女的行为被认为是天经地义的。然而，在现代社会，年轻的女孩越来越叛逆，想要打破这种游戏规则的人更是不少。但是，女孩如果在爱情的游戏里逆流而上，占据了主动权，那么她们很可能因为自己的轻率而制造很多爱情悲剧。

缺少社会经验的女孩，尽管容易被爱情吸引，但是常常不知道怎样经营爱情，以为自己主动出击，单方面的付出，就能成全爱情。其实这样的想法是错误的。以为追求自己的男孩就是"便宜货"，而自己主动涉猎的男孩就是"珍贵物品"，这种想法更是单纯。

首先，追求自己的男孩，不一定都像自己想的那般不堪。男生也有追求自己喜欢的人的权利，他们很可能身边也不乏其他的女孩，但是他们只是碰巧喜欢上了你。<u>喜欢上一个人并不是一种错误，敢于追求真爱的男生更是难能可贵</u>。尽管因为性格不合等因素，他们未必适合自己追求的女孩，但是并不是说他们就没有"行情"，也不会甚是不堪。

其次，女孩主动出击，追求自己的真爱，寻找自己的幸福，这本身并没有错误，但是要注意方法。<u>作为女孩，要清楚地知道男人的劣根性，那就是：越容易得到的越不懂得珍惜，越难得到的，越想去挑战</u>。

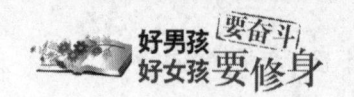

女孩如果在爱情里过于主动，就会失掉自己的神秘感，让男人觉得太容易获得，所以他们往往不会珍惜这段感情。不管在这段感情里女孩为此付出了多少，男人都是看不见的。所以，年轻的女孩，你可以喜欢一个男人，但不能太过主动。虽然说"男追女，隔座山；女追男，隔层纱"，但大多数男人都不害怕爬山的辛苦，越是难以征服的山峰，越能勾起他们的兴趣，攀到峰顶的时候，越能让他们获得成就感；纱很薄，但是很少有女孩愿意主动掀开它，因为只有这层纱由男人挑起，才能带来惊心动魄。

正因为男人与女孩之间存在着这样的性格差异，我们才能理解，为什么男人在历尽千辛万苦追求到自己心爱的女孩时，脸上会露出开心的笑容。而如果女孩像胡默那样，主动打破男女之间的平衡关系，变被动为主动，就会让男人失去征服的欲望，也就失去了爱下去的激情。那么，面对自己的感情，女孩就只能等待吗？如果自己心仪的那个男人没有注意到自己，女孩是否就要等待被错过的命运？答案是否定的。

为了满足男人的狩猎欲望，成全他们的征服欲，女孩需要被动地等待对方的追求，但是却可以主动制造机会，让他注意到你的存在。正如《我是女王》一书中所写的那样："**女追男一定要有全局观，不能让男人发现你在追他，而是要制造机会，让他觉得自己在追你，把决定权交到他的手里，你的地盘，由他做主。表面上一定要他觉得自己辛辛苦苦追你追得要死，而实际上你才是导演、你才是编剧，他不过是卖力演出的男主角而已。**"年轻的女孩，常以为爱情是简单的，以为只要自己有勇气、肯付出，就能获得自己想要的爱情。但是通常情况下，女孩敢于主动表白的勇气，只会给自己留下隐患。所以，**女孩们一定要记住：即使你特别喜欢他，也不能倒追他**。套牢他的秘诀是：吸引他注意到你的存在，引诱他开始对你的追求，并对他的追求积极地回应。即使最后女孩答应了对方的追求，也要让对方明白：在爱情的天地里，女孩是土壤，男人是种子，女孩肯舍出一块土地，让他得以生长，就已经是对他最大的恩赐了。